一个女人要活得精彩而有质量，
无非是敢想敢做，
在世态炎凉中活出通透，
在历经风霜后活出从容，
更懂得冲破束缚，
把自己活成一首精致的诗。

■我和“易灸灸”合伙人聚会

优雅

做勇敢和坚持的自己

钟华清 著

北京时代华文书局

图书在版编目（CIP）数据

优雅：做勇敢和坚持的自己 / 钟华清主编 . -- 北京：北京时代华文书局，2018.12
ISBN 978-7-5699-2657-6

Ⅰ . ①优… Ⅱ . ①钟… Ⅲ . ①女性－成功心理－通俗读物 Ⅳ . ① B848.4-49

中国版本图书馆 CIP 数据核字（2018）第 220187 号

优雅：做勇敢和坚持的自己
YOUYA：ZUO YONGGAN HE JIANCHI DE ZIJI

著　　者 | 钟华清

出 版 人 | 王训海
责任编辑 | 徐敏峰　周海燕
责任校对 | 姜锦赫
装帧设计 | 小　信
责任印制 | 刘　银

出版发行 | 北京时代华文书局 http://www.bjsdsj.com.cn
北京市东城区安定门外大街 136 号皇城国际大厦 A 座 8 楼
邮编：100011　电话：010－64267955　64267677
印　　刷 | 三河市嘉科万达彩色印刷有限公司
（如发现印装质量问题，请与印刷厂联系调换）
开　　本 | 787mm × 1092mm　1/32　印　张 | 8.5 彩插 18 面　字　数 | 122 千字
版　　次 | 2018 年 11 月第 1 版　印　次 | 2018 年 11 月第 1 次印刷
书　　号 | ISBN 978-7-5699-2657-6
定　　价 | 58. 00 元

策划手记

你若盛开　清风自来

与钟华清老师的结缘非常自然，因为她是微信营销第一人肖森舟老师的夫人。而我和肖森舟老师合作的新书《永不放弃：我和马云学创业》，在创业创新、微营销领域反响一直不错。

钟华清老师是一位优秀的创业企业家，她和肖森舟老师被誉为微营销领域的绝代双骄。其自创的大健康品牌“易灸灸”，在保留并强化传统艾灸效果的前提下，自加热的使用方式，让这款产品更加适合各种场合下的自由使用。因为职业习惯经常久坐，我个人又比较笃信中医，所以就一直在使用这个产品，连续四年的不间断使用，也让我体会了从认识一个人，到认识一个产品，再到了解一个人，信任一个品牌的美妙的过程。

钟华清老师是互联网＋时代的优秀创业者，更是新时代独立女性的代表人物。她完成了一个职业女性从国企职场转身到独立创业成功，且兼顾家庭教育子女的华丽转身。她是易灸灸品牌的创始人、设计师、推广大使，同时她还是肖森舟老师公司的财务总监、亲密战友。更为不易的是，她是两个孩子的妈妈，在二宝儿不满一周岁的时候开始策划易灸灸品牌，短短四年时间，我非常荣幸地见证了易灸灸品牌在钟华清老师的手中，从无到有，从弱到强，直至今日年销量过亿的成长历程。

去年在北京盘古大观七星酒店见到钟华清老师，我就被她的气场所震撼。自带光环，自信独立的女性魅力不自觉地散发出来。她对人生的感悟、对事业的理解、对家庭经营的心得，方方面面都兼顾到近乎完美。一下午的时间很短，碰撞的火花很多。除了追求个人的成功以外，如何让更多的创业者，特别是女性朋友们，更加自信、独立、有思想、有勇气、有方法地实现自己的梦想和价值。无论是在事业上还是在家庭中，抑或是在子女教育上，更甚于在思想认知上，去帮助她们思考、领悟、提升、突破、升华。这是钟老师追求的另一个梦想目标，这本书的出版即缘梦于此。

我个人在出版文化的圈子里，不知不觉也有十几个年头了。从传统出版模式到数字化时代，到专注于一些垂直领域例如微营销，直到现在的定制化出版服务。走过一段岁月，也见证了一段历史。在此期间有幸和当年明月、南派三叔、余世存、朱德庸、袁腾飞、流潋紫、延参法师等知名人士、优秀作家、社会学者等合作，深刻地体会到整个文化出版行业的巨变和对个人思想认知的冲击。

在全民创业、“互联网 +”入万家的时代，对文化推广的潜在需求，也在发生着革命性的巨变。定制化服务于每一个有梦想、有追求、开拓前行的创业者。在图书策划出版领域为行业精英人士和梦想家们搭建一条快速沟通渠道，这也是我的梦想。

春花，秋月，夏日，冬雪。你若盛开，清风自来。认识你真好！

赵秀彦（微信号：1015267754），出版人，爱彤文化 CEO

2018 年 10 月 8 日　　北京

自 序
我比谁都爱这绽放的人生

人生就像一款冒险游戏，你必须穿越一道道关卡，打败一个个怪兽，才能找到胜利的宝藏。普通玩家只能步履维艰，循规蹈矩；专业玩家却能一路高歌，所向披靡。

每个人都渴望拥有绽放的人生，那样获得成功似乎毫不费力。可是，人们往往只是看到别人成功了，却看不到成功背后隐藏的种种“助力”，就像很多人只看到我左手事业蓬勃，右手家庭美满，却看不到我不分昼夜的努力，看不到家人和团队给我的力量与勇气。

我记得在经典电影《飞越疯人院》里，男主角迈克·墨菲对疯人院里的“病人们”说过一句话：“你们一直抱怨这个地方，但是你们却没有勇气走出这里！”

这部电影，对我的触动很大。我一直相信，没有走不出的人生，只有走不出的人。

上天永远是公平的，没有人能随随便便成功。每个人在实现自己梦想的道路上，都会遇到各种各样的艰难困苦。有些人的人生，之所以看起来毫不费力，那是因为她已经拼尽全力。

我比谁都爱这绽放的人生，那是因为，在这条路上，我从来没有感受过孤独。我的身后有永远爱我的家人——肖先生就像老师，指导并帮助我渡过一个个难关；两个孩子就像一双翅膀，带我飞越一切困难险阻。我的身后还有一个团队，每位团队成员都是支撑我前行的动力。

正因为有他们的支持与陪伴，我才能走到今天，快乐并且幸福。

在新时代，女性最大的魅力，不是美丽的容貌，不是高贵的出身，而是发自内心拥抱生活的热情，是勇于追求梦想的勇气，是竭尽全力实现目标的毅力，是自内而外散发的优雅。

一个女人最大的幸福，不仅仅是嫁了一位好老公，拥有无忧无虑的生活，而是可以独立自主选择自己的道路，可以按照自己的意愿过自己的生活，可以让自己的人生不留遗憾。通过自己的努力，去实现自己的人生目标，去获得美满的家庭与生活，这才是最大的幸福。

村上春树曾说："不管全世界怎么说，我都认为自己的感受才是正确的，无论别人怎么看，我绝不打乱自己的节奏。"我想，一个女人要活得精彩而有质量，无非是敢想敢做，在世态炎凉中活出通透，在历经风霜后活出从容，更懂得冲破束缚，把自己活成一首精致的诗。

回望过去的人生，俯瞰现在的生活，展望未来的目标，我觉得自己十分幸运，我能够勇敢向过去挥手告别；现在的我，既拥有自己的事业，又可以兼顾家庭；面对未知的未来，我期待而不恐惧。我相信，人生的每一步都不会白走，我的未来，一定可期可遇……

我想做一对儿女的榜样妈妈，抽出更多的时间陪他们度过五彩的童年。

我想带领易灸灸团队走向更辉煌的成功，让"华清创业帮"缔造更多的商业神话。

我想反哺身边的亲人，让他们的生活永远幸福快乐。

因为我的心里有期望，所以脚步才如此坚定。我现在最大的希望就是，每个拥有自己美好梦想的人，都能够鼓起勇气，并且不断努力，开创自己精彩的人生。

你可以很平凡，但是不要让自己变得平庸。所谓成功的人生，不过就是迷恋奋斗。

钟华清（微信号：2749967579）

2018 年 7 月 30 日

目录

contents

Chapter 1

第一章

人生，一段向前走就停不下来的路

人生之路蜿蜒绵长，沿途有花红柳绿，也有荒芜泥泞，无论你以怎样的姿态保持前行，都只能永远向前，而无法拥有倒退的人生。因为时间的河流无法倒逆，每个人都是一艘顺流而下的船。千帆相竞，有的人遵循自己的内心，勇敢果断；有的人却犹豫不决，左右徘徊。其实，只要你勇往直前，毫无畏惧，途经巅峰和低谷，最终将走出自己的华美人生。

五年前的我与现在的我

蜕变的过程或许是艰难的，是痛苦的，但是结果总会给人惊喜。

——钟华清

每个女人都需要一次华丽的蜕变，否则永远无法拥有绚丽的翅膀和珍珠般的光芒。

谁也不希望自己一辈子做蛹，一辈子做沙，平凡而又默默无闻吧？有的蜕变需要蛰伏，需要漫长的煎熬和等待；有的蜕变却像焰火，转瞬之间便光芒万丈。

五年前，我还在一家国有银行工作。每天朝九晚五，做着同样的业务，面对相似的客户。生活平淡，收入稳定，拥有大多数人所羡慕的安稳无忧生活。我自己却越来越疲于现状，感觉自己就像一只蛹，渴望自由的灵魂被紧紧束缚；更像一粒沙，在平凡的岗位上默默无闻。

我的内心渴望蜕变，更渴望自由——蜕变能带来新鲜感和挑战感，自由能让我拥有更多自我掌控的时间和空间。这样的人生才不至于枯燥乏味，才不会被工作锁死，渐渐失去自我。假如我满足于现世安稳，最后可能会失去更多，甚至连陪伴孩子的时间也越来越少了。

当时，儿子刚满 4 岁，正是需要妈妈陪伴的年纪。记得有一次，在我的工作时间，老公肖森舟打来电话说：“儿子发烧住院了，一直吵着要妈妈，你能不能请假回来抱一抱他……”

我的心里一酸，急匆匆地跑进领导办公室，希望能请一天的假。

领导摊了摊手，一脸无奈地说：“孩子生病了，我很理解，但是银行有银行的规定，现在正是业务繁忙时期，如果要请假，你只能找同事做好调班，否则不能批。”我也知道银行的规定，所以央求了好几位同事调班，好不容易才请到了半天假。

那天，我赶到医院时，天已经快黑了。儿子哭闹了好久，才在我怀里安稳地睡去。我的内心五味杂陈，当时最大的感受就是：自己的时间属于工作，不属于生活。

2012 年，我的心中渐渐萌生了辞职的念头。我想拥有更多属于自己的时间，去陪伴孩子成长，去做自己想做的事情。当然，我并不想成为一名家庭主妇，依附于自己的老公。既然心系山川湖海，就不愿囿于家务琐事，那样只能在深夜里仰望星空。

我将辞职的想法告诉了家人。老公和公公婆婆都很支持我，似乎知道以我的个性，辞职是早晚的事情。不过，我的妈妈却担忧地说：“辞职可以，但你一定不能只是回家去做家庭主妇，不管今天女婿的事业发展有多顺利，有多成功，赚了多少钱，但是你不能够满足于只做一名家庭主妇在家相夫教子，每天等着老公孩子回家。毕竟我们倾尽所有，给了你最好的教育。妈妈还是希望你能拥有自己的一份事业！”

妈妈的这番话，给了我很大的启发，也让我更有方向感。

我一直不喜欢顺其自然的生活，因为我觉得顺其自然是对于现状的妥协，是缺乏改变的能力和勇气。女人，就应该有自己的想法，给自己一次华丽的蜕变。

2013 年 2 月份，我辞去了银行的工作，开始了自己的蜕变之旅。

我之所以有勇气做出这样的决定，除了骨子里那种喜欢改变，喜欢挑战的“不安分”，想要有更多的时间陪伴孩子之外，很大一部分原因还在于先生肖森舟的影响。

在我辞职的前一年，他便辞去了国税的工作，去淘宝大学应聘课评讲师，走进北京各所大学，靠着自己的努力，成为微商自媒体第一人，开启了属于自己的事业和人生。

肖老师是一位成长控，每天都希望比昨天更好。他自始至终都是我的榜样，也给了我很多灵感。和他一样，我对自己有了更多的期待，不想过那种一眼就能看到头的人生。

我那时想得最多的就是，一个人应该多走出去，因为你的世界应该是在外面的。

从 2013 年辞职到现在，短短五年的时间，我也完成了人生中的华丽蜕变：一是有了自己的宝贝女儿，从一个孩子的妈妈变成两个孩子的妈妈；二是踏上了自己的创业之路，从一名朝九晚五、相夫教子的银行职员，变成了一名创业者和追梦者。

2015 年 6 月，我开始了天珍录易灸灸的创业之路。新的行业给我带来了新的挑战，我喜欢这种新鲜感，也找到了激发自己潜能的突破口。在开始创业的 4 个月间，团队便迅速扩展到 2 千多人，创造了月入百万的好业绩。如今，易灸灸已经成为最火热的养生产品之一，受到了国内外众多名人的青睐，好评率也远远高于同行业的其他产品。

这样的成绩，对于商业大佬来说，或许微不足道，但是对于五年前的我来说，却是无法想象的。百万金额只是一个冰冷的数字，可这样的业绩，这样的团队，通过自己的努力去完成，去提升，却让我获得了一种前所未有的成就感。

除了金钱上的回报，相比于五年前的自己，收获更多的是为人处世的态度，以及对于人生道路、对于生活的领悟。女人要学会蜕变，学会跨足于各个行业，勇于接受新的环境和新的挑战。如果只是安于现状，便只能存活于自己的小世界、小格局之中。

一只蛹，历经风霜雪雨，终究会破茧成蝶，在阳光下挥舞绚烂的翅膀。一粒沙，深埋在贝壳里，被时光磨砺得越来越光滑，最终也将光芒万丈。

蜕变的过程或许是艰难的，是痛苦的，但是结果总会给人惊喜。

现在的我，事业上风生水起，生活中悠闲惬意，更重要的是，有了更多自由支配的时间。我可以连续工作好几个小时，也可以给自己放一个假，看书、听音乐、做瑜伽……每天都有时间接孩子上下学，有时间陪伴他们，让他们在幸福阳光的家庭环境中茁壮成长。

一个幸福女人的标配不就是如此吗？

一份稳定的事业以及一个和睦温馨的家庭。

↓钟华清心语↓

女人创业，或许外界看来是一个疯狂的行为，因为创业总是伴随着风险。对我而言，正是生命里的这次疯狂，让我的生活充满着乐趣与精彩。

每一段人生经历都弥足珍贵

我们所走过的路，无论快乐，还是痛苦，都是人生的必经之路。

——钟华清

前几天，看到一个话题：如果你是上帝，你能随意安排自己的人生，你会选择一条笔直平坦、毫无波澜的人生之路，还是会选择一条蜿蜒曲折、充满变数的人生之路？

我觉得挺有意思，当一个人站在上帝视角去看待人生百态时，会发现自己的渺小，会认为自己的经历变得微不足道。假如自己的人生完全由自己来安排：考试永远拿第一，彩票永远中头奖，心仪的男神女神可以毫不费力地追到手，成为明星，成为富豪……

一切都如自己所愿，这样的人生听起来很棒！但细想一下，不会觉得太沉闷无味了吗？

对于喜欢安稳的人来说，笔直平坦的人生道路可能是最好的选择，他们喜欢简单，喜欢一目了然，喜欢踏踏实实地生活。但仍有许多人还是会选择蜿蜒曲折的人生之路，哪怕生活中的际遇让人猝不及防，哪怕挫折与失败随时光临，哪怕一切都身不由己，可经过不懈前行总能收获意外和惊喜。

我认为这种充满不确定性的人生，才够刺激和浪漫，才是我所爱的人生。

人的想象力可以天马行空，但终究要回归现实，从上帝视角回到普通人视野之中。

现实就是，我们不是上帝，我们无法随意安排自己的人生。所以我们要随时做好心理准备，去接受生活中的小意外、小挫折、小失败和小惊喜。

我们所走过的路，无论快乐，还是痛苦，都是人生的必经之路。

你也不必惊讶，自己是如何从昨天走到今天的，是如何一步步走到现在的。正是你所经历的一切，成就了现在的自己。你所走过的路，变成了回忆里的风景；你前行时的负累，变成了时间的礼物；你所受的苦，所忍受的孤独，会变成一盏灯，照亮你的未来。

我很感激自己的每一段人生经历，让我遇见美好，遇见幸福，更让我学会如何面对挫折，更好地成长。曾经六年的银行职业生涯，虽然时间不够自由，但却让我喜欢销售、喜欢挑战，同时也培养了我很严谨的做事态度、很强烈的时间观念、有分寸感的为人处世！

我还清晰地记得，银行入职前的系统培训期，每个人必须学会点钞，必须学会快速使用计算器，必须学会熟练使用公司系统。两个月的培训期，日子清苦却快乐。

几十位新人被“关”在一个集训点，日夜不分地上课和训练，面前是堆积如山的点钞练功券，耳畔回荡的是大家敲计算器“嗒嗒嗒”的声音。除此之外，并没有其他娱乐活动。

两个月的培训期确实很艰苦，却让我学会了盲打计算器和快速点钞的“神技”，还让我收获了同事之间难能可贵的“革命情谊”。现在回想起来，也觉得受益匪浅。

真正“悲惨”的日子，是在正式上岗之后。

那时，家与银行的距离有 40 公里左右，每天早上我必须 6 点半起床，7 点钟从家里出发，如果中途被耽搁了，就会迟到。等到了网点，穿好制服，打好领花，已经精疲力竭了。这样没精打采地站在柜台前，还要面对做不完的业务，叫不完的号，甚至受不完的气。

有一次，我不留神做错了一笔业务，让客户账上多了一笔手续费，本来是可以冲正的，客户却不依不饶，怪我业务不熟，指着我的鼻子骂了半天，直到我眼前的玻璃窗上出现一大片口水渍。最后还是大堂经理出面，笑脸迎迎才将他劝开了。

当时的我解释无力，觉得自己万分委屈，却只能默默地流了几滴眼泪。因为我知道，哭是没有用的，等待我的不是同事的理解和安慰，而是大厅内等得不耐烦的客户。我只能尽量平复自己的情绪，换一张笑脸接待下一位客户，避免下一单再出现错误。

还有一次，因为人多杂乱，我误将客户的存款退给了她，导致账上有这笔钱，而库存里没有。幸好我平时养成了随时点库的好习惯，及早发现了问题。

业务经理帮忙查到了那笔业务，但是查不到那位客户的预留信息，没有地址和电话，查看监控，只看到她上了一辆车，随后便消失不了。

银行所在的县城不大，但是想要在茫茫人海中找到她，却如同大海捞针。

银行的账目都是“今日事，今日毕”，如果我无法在当天找到她，填上那笔账，将面临严厉的处罚和巨额的经济赔偿。几位同事帮我想了好多办法，都无济于事，后来有人惊呼：“说不定她有买社保，或许社保局能查到她的相关信息……”

我如获救命稻草，马上联系到社保局的一位亲戚，托他帮忙查一下，结果社保局查到她有买社保，但仍旧没有预留信息。我当时几乎快崩溃了。还好我的那位亲戚辗转找到了她的女儿，我立刻赶往她的家中，含泪要回了那笔账。

那时，已经是晚上 9 点了。

类似这样的经历，时常会发生在银行职员身上，没有这种工作体验的人可能无法理解，那种每天小心翼翼、如履薄冰的感觉。在当时如果能按时顺利下班，就会觉得那是幸福的一天。

我以为，当我从银行辞职的时候，一定会毫不犹豫地摘下工号牌，如释重负地走出银行大楼。可当我提笔写辞职信的时候，心里却是满满的不舍与感恩。

那些无法纠正的错误，让我学会工作必须严谨，必须重视细节。

那些质疑我工作能力的“刁钻”客户，提高了我的情商和应变能力。

那段如履薄冰的时光，让我养成了遇事冷静、处变不惊的好习惯……

最舍不得的，是那群可爱的同事，还有那些曾经帮助我的人。

如果你是上帝，你也会让自己的人生之路花团锦簇吧？

↓钟华清心语↓

每一段人生经历都弥足珍贵，无论时光静好、鸟语花香，还是暴雨突袭、满地泥泞，都会变成一份宝贵的财富，变成人生的底色，意蕴深长。

青春的梦想是一部连续剧

这是一个容易获得机遇的时代，没有目标的人是注定不能成功的，可是目标过于远大，又会让人望而却步，感到非常疲惫，甚至在认为成功遥遥无期的时候自愿选择放弃。

——钟华清

青春是人生中最美好的时光，青葱岁月枝繁叶茂，梦想则是枝头最炫目的花。

我很喜欢奥斯特洛夫斯基的一句话：“生活赋予我们一种巨大的和无限高贵的礼品，这就是青春：充满着力量，充满着期待，充满求知和斗争的志向，充满着希望、信心。”青春的韶华去而不返，梦想却在悄然间开花结果，离自己越来越近，或者离自己越来越远。

青春的梦想是一部连续剧，每个人都拿着属于自己的剧本，扮演着生活的主角。随着剧情的发展，你走过跌宕起伏的人生道路，经历悲欢离合，最终迎来了故事的“大结局”。

若结局是喜，则你的梦想成真，过上了自己想要的生活。

若结局是悲，则你偏离了自己的梦想，一生懊悔又碌碌无为。

无论结局怎样，你都只能随着剧情的发展，一步一步地走下去。

青春的梦想不可能一蹴而就，只能一步步去实现，因此你需要先设定一个大目标，再来一步步细分小目标。只有对自己的人生进行明确的规划，梦想才能一步步实现。

还记得万达集团董事长王健林给自己制定的“小目标”吗？他说:“心有多大，舞台就有多大，但是这个心的舞台，是一个逐渐放大的过程，很多学生一见面上来第一句话就是我要当首富，我要做世界最大的公司，这个你得跟他聊，你哪方面做得最大，从什么方面开始，说不出来，我就通过我自己的经历跟他讲。有这个想法，想做世界最大，想做首富，这是对的。但奋斗的方向，最好先定一个能达到的小目标，比方说我先挣它一个亿……”

王健林提出的“小目标”的观点说明一个问题，那就是为梦想设定阶段性的小目标，是实现梦想的关键步骤。

从银行辞职之后，我最大的梦想是像肖老师那样，拥有一份属于自己的事业。

但是，这个梦想对于当时的我来说，有些过于“远大”。我只知道自己想拥有一份事业，却不知道要如何一步步去实现自己的梦想。肖老师还说我“眼高手低，不知道‘千里之行，始于足下’么？”我开始反思，如何将自己的大目标分解成一个个容易实现的小目标。

肖老师鼓励我说:“你的想法很棒，但做起来很难。如果你的目标太大，不知道如何下手，那么就做好眼前的事情，达到短期内的小目标，这样能够带给你足够的热情。”

我很认同肖老师的想法。那一刻，他又变成了我的老师，为我指引方向。

离职不久，我便生下了小斯妹，蜕变成了两个孩子的妈妈。

我当时制定的“小目标”就是，安心照顾两个孩子，等小斯妹长大一些，再考虑事业上的问题。所以月嫂走了之后，我也没有再请保姆，而是自己亲力亲为，把时间都留给孩子。小斯妹的母乳喂养、辅食、作息，还有一些习惯培养，我都尽量做到最好。

那段时间我安心做一位“全职宝妈”，也是一件很幸福的事情。我知道自己的事业心，能够陪伴孩子的时间并不多，趁这难得的时光，一定要好好地照顾孩子，让他们健康茁壮地成长。

小斯妹一天天长大，我的内心也一点点转变。我开始制定下一个“小目标”。

在小斯妹 8 个月的时候，我和肖老师进行了一次深入交流。我说:“我想走出家庭，出去找一份工作，或者先在你的公司里工作一段时间，作为过渡……”

肖老师点头应允，他知道我有“野心”，也不可能一直待在家里。

那时，他的事业已经做得如火如荼，天猫旗舰店（森舟茶叶）经营了 11 年，在行业内很有名气。我去公司的商务部做了一名财务。

我的“小目标”变成了做好公司里的财务，然后寻求其他的发展空间。对于雄心勃勃的我来说，做财务只是一个过渡，一个跳板。我希望自己能像肖老师那样，闯出一片属于自己的天地，而不是依附于他的翅膀下，享受小鸟依人的安暖。

最好的爱情不就是“比翼双飞”吗？你有你的光环，我也有我的精彩。

一段时间过后，我去四川出差，在高圆圆的成都见面会上，遇到了现在的创业伙伴张蓓蓓，也就是易灸灸的创始人。两个兴趣相投的人，在一起相谈甚欢，相见恨晚。

我开始了解易灸灸这个产品，并设定一个“小目标”，就是把这款产品带到我的身边来，分享给更多的人。

这是一个很好的契机，我开始尝试做易灸灸这个产品，并且创立了华清创业帮。创业初期我只是给自己制定了许多“小目标”，比如让更多的人知道易灸灸，让华清创业帮逐渐强大起来，却完全没有想到，有朝一日自己会把华清创业帮做得这么大，会有那么多人支持。我的初衷只想从分享开始，结果怎么样，交给时间、交给未来。

2015 年 6 月，我在朋友圈里晒了易灸灸这款产品，结果让人很意外，来咨询的人络绎不绝，甚至有很多人争着要做代理。在这个过程中，自己的生活也在慢慢地发生着变化。我每天需要面对很多代理、客户，随着代理人数、客户人数的不断增加，我的生活慢慢地被各种各样的事情所充盈。从很有规律地早睡早起，到后来凌晨一点、两点都在埋头工作。时间变得很紧凑，生活也变得很匆忙。但我并没有觉得很累，恰恰相反，很充实。

我一直认为，一个人不需要太长太多的睡眠时间，足够就好。这样我们就可以把更多的时间拿来做自己喜欢做的事，去做喜欢的事业，去健身，去读书，去做瑜伽，去交朋友。

这就是人们所说的，把时间花费在美好的事情上吧！

青春的梦想是一部连续剧，很庆幸，我演好了自己的角色，实现了自己的创业梦想。这是一个阶段性的成功，也是另一种开始。生活会继续，梦想会继续，奋斗永不止息。

这是一个容易获得机遇的时代，没有目标的人是注定不能成功的，可是目标过于远大，又会让人望而却步，感到非常疲惫，甚至在认为成功遥遥无期的时候自愿选择放弃。

这时，你必须要明白：所有大目标的实现都是由无数小目标积累而来的，就像一万块钱是由无数个一块钱积累的一样。你要学会将那些难以实现的大目标分解，建立一天的目标、一个星期的目标、一个月的目标、一年的目标……这样一步步实现自己的终极目标。

成功永远属于那些有着明确人生规划的人。

↓钟华清心语↓

青春的梦想，需要一步步实现，先设定一个大目标，再一步步细分成小目标。到了一定的年龄，既要有转弯的智慧，也要有直行的坚持。记住，别偷懒。

相信你的直觉，向左走或向右走

当你站在人生的十字路口，需要选择向左走或向右走时，请给自己设定一个明确的目标。

——钟华清

我是一个没什么艺术细胞的人，有一次却被朋友拖去参观一个油画展。

那些五彩斑斓的色块，纵横交错的线条，明与暗的强烈对比，看得我头晕目眩。尤其是一些“抽象画”，我只能看到色彩与线条，却看不出画的内容与背后隐藏的含义。这让我感觉有些小小的受挫，毕竟生活中不能缺少艺术和审美。

画展上除了几位画家的原创作品，还有一些世界名画的“复制品”。

我站在一幅名为《西门与佩罗》的油画前，被油画中男女的行为震撼到了——在一间阴暗潮湿的牢房里，年轻的女子露出自己的胸部，衣衫不整的老人正吸吮她的乳头……

男女赤身裸体，为艺术献身的作品，我也见过不少，比如文艺复兴时期的大卫雕塑。但是像这样明目张胆地在牢房里“亲热”，却让我感到十分不适。难道在艺术外壳的包裹之下，人的羞耻心都荡然无存了吗？

朋友在一旁看着我的表情，小声地问：“你喜欢这幅油画吗？”

我摇了摇头：“只是觉得，他们的行为有些奇怪。”

“有什么好奇怪？”朋友是学美术的，对于名画颇有研究，她笑着说，“年轻的女子是老人的女儿，老人是波多黎各的英雄，为了波多黎各的独立而奋战，却被国王囚禁在牢房中，被判‘禁食’刑。老人即将饿死的时候，怀有身孕的女儿前来探望。看着父亲骨瘦如柴的身体，她解开了自己的衣裳，让父亲吮吸自己的乳汁，不愿让父亲变成饿死鬼……”

我目瞪口呆地听着朋友的讲述。同样的一幅画，我所看到的，与朋友所看到的，完全不一样。如果不知道这幅画背后的故事，不知道它的真正含义，肯定会产生误解，而懂的人却会沉默，会动容，会为父女俩的情谊而感动落泪。

从画展上回来，我开始反思，自己是不是太肤浅了？很多事情都只看到表面，而没有看到本质。世界上最可怕的事情，不是被别人欺骗了，而是被自己的“自以为是”欺骗了。

在人生的十字路口，向左走或向右走，都不能被表面的东西所影响。我们应该看到实质，应该有明确的目标，否则很容易走偏。类似的事情经常发生在我们的生活中。

比如你想买一辆车，找了无数个朋友去寻求意见，最后花了自己的钱，却买了一辆别人喜欢的车；比如你谈了一个对象，身边的朋友说他这里不好，那里不对，最后你选择了分手，仅仅是因为别人不喜欢……人的想法很容易被左右，尤其在选择问题上。

我想你一定听过："欲多则心散，心散则志衰，志衰则思不达也。"一个人无法集中精力，就不可能将目标变成现实，因为那些琐碎的小事情会打乱他的行动步骤，分散他的时间与精力，让他永远找不到目标的重心在哪里。

美国文学家爱默生曾经说过："一个人只要知道自己去哪里，全世界都会给他让路！"面对人生的选择题，明确的目标最为重要，无论向左走或向右走，你都必须做出一个明确的选择。短暂的迷茫是人生的必经之路，当你需要做出某个选择时，总会被一些表面的东西所影响，你无法看到实质，无法拥有明确的目标，所以你只能站在原地犹豫、徘徊。

我认识一位朋友，他在做年轻人的职业规划与咨询工作。每天，他需要面对无数年轻的求职者，对于他们的心态也了如指掌。一次聚餐中，他感慨地说："这些年和求职的年轻人打交道，让我深刻感受到他们身上所背负的沉重压力，以及内心的迷茫感。艰苦的工作与微薄的收入都不可怕，可怕的是他们不清楚自己的内心需求是什么——将来要做什么？前进的方向在哪里？什么是应该坚持的？什么是应该放弃的？自己喜欢或讨厌什么？这些问题通通没有答案。所以他们一直处于随遇而安的状态中，周围的人做什么，他们就做什么……"

我说："这不是很正常的'羊群效应'吗？当人们求职失败时，事业受阻时，爱情破灭时，病入膏肓时，都会不由自主地迷失方向。这时候，人们的行为好像失去了自主性，说什么，做什么，想什么，向左走或向右走，都跟随大众，而非出自自己的意见。"

朋友问我："那你当初为什么选择微商这个商业模式作为创业的切入口呢？"

我想了想，回答："首先微商是应势而起的一个新的平台模式，任何人都抗拒不了。绝大多数人起床的第一件事情就是看手机，每天睡前都会恋恋不舍地放下手机，不可否认的是，人们对于手机的依赖程度以及手机带来的便利性如此巨大。随着社交软件的更迭，我们的社交平台从QQ转为微信，每个人的微信朋友圈都有个人标签，展示着每个人的情感、工作、生活等，微商无非就是借助这个平台应势而起，它不是强加给这个时代的产物，而是这个时代必然会发生的一个产物。"

朋友点头，又问："你觉得微商这个行业的发展前景如何？"

我忍不住笑了，半开玩笑说："我一直将微商定义为好玩，它能够牵动我很多意想不到的情绪，以及意想不到的裂变，除了商业模式、人脉的裂变，还有物质方面的裂变。现在是实体经济发展放缓的阶段，而且实体经济产生裂变本身就是一件难事。比如，一家店去裂变一千家店、一万家店，需要足够的人力、物力、财力，以及足够的时间。但是在微商模式下，通过努力，通过一款非常好的市场终端产品，去裂变成一千个代理、一万个代理，甚至十万个代理都是有可能的。我相信自己的直觉，选择了一个正确的方向。"

"不错，不错。"朋友赞许地说，"我做职业规划这么多年了，难得遇到像你这样有明确目标的人，我可以把你当成案例，说给那些对未来一片迷茫的年轻人听了。"

我有些不好意思地说："我只是做了这个行业，所以比较了解，但是你要让我去鉴赏一幅字画，可能就没那么容易了，毕竟我是一个没什么艺术细胞的人……”

当你站在人生的十字路口，需要向左走或向右走时，请给自己设定一个明确的目标。无论表面上的东西多么迷人眼目，无论别人给出了什么样的意见，你一定要相信自己的直觉，把表面上的东西，把别人的意见当成一种参考，认真分析，而不是当成最终的选择与答案。

有了明确的目标之后，你朝目标迈进的每一步，都会增加自己的快乐、热忱与自信。

↓钟华清心语↓

我们会在人生道路上迷路，很大一部分原因是因为我们没有为自己设定一个明确的奋斗目标，并且也没有踏出第一步。只有明确了方向，才更有生存的勇气，在艰难困苦之际，赋予我们坚韧不拔的毅力。

没有走不出来的人生，只有走不出来的人

勇于从安逸的环境中走出来，才能过上更好的人生。

——钟华清

刚做易灸灸那段时间，身边的朋友，包括老家的一些亲戚，都会问我一个类似的问题：“在家里做肖太太不好吗？为什么非要放弃安逸的生活，出来折腾自己呢？”

我的回答总是：“我是闲不住的人，在安逸的环境中待久了，会不安分。”

后来易灸灸做大了，事业上风生水起，朋友们又问我：“当初你是如何从家庭中走出来的？为何放弃安逸的生活，成为一名女性创业者的？”

这时我会笑笑，回答说：“没有走不出来的人生，只有走不出来的人。”

我觉得自己走出了家庭，安排好了属于家庭与事业的时间，但

是从未离开过家庭。每天除了花时间去处理工作上的业务，仍旧会有时间照顾家庭，陪伴老公和孩子。而且，每个人对于“安逸”的理解不同，有的人认为不缺钱花很安逸，还有人认为有花不完的钱却十分孤独。

在真正安逸的环境中，人应该是快乐的，放松的，毫无压力的。

可生活太安逸了，人的志气难免被消磨掉，懒惰也就出来了。

我的大学同学李菲儿，容颜姣好，身材高挑，是学校里的校花。大学毕业没多久，她便结婚了，嫁给一位高富帅。那次去参加她的婚礼，几位同窗好友都说：“李菲儿真幸福啊，老公长得真帅，又有钱，漂亮的人就是有好运气！”

后来，李菲儿怀孕了，辞职在家专心带孩子。孩子上幼儿园时，她的丈夫提出让她出去工作，孩子让老人接送，她却不开心地说：“你不是说，要养我一辈子吗？我们家也不缺钱花啊，为什么要我出去工作呢？我觉得现在这样的生活很安逸啊……”

“你觉得好就好。”她的丈夫实话实说，“我只是担心你在家久了，会无聊。”

一次，她的丈夫把一份文件遗忘在家中，打电话让李菲儿送去公司。

李菲儿素面朝天，急匆匆把文件送过去，又急匆匆地离开。她走后，她的丈夫的同事疑惑地问：“刚才那个女人是你家保姆吗？长得还不错哇，好好打扮一下也是个美人。”

她的丈夫一脸尴尬：“那是我老婆。”

回到家中，她的丈夫和李菲儿复述了同事的话，并让她以后注意一下自己的形象。

李菲儿却不以为然地说："我学生时期可是学校里的校花，那些人真没眼光啊！我天天在家带孩子，也没什么精力打扮自己，况且那份文件你要得急，我哪里来得及化妆什么的啊？"

她的丈夫不再说话，他觉得李菲儿已经不再是当年那个活力四射、美丽优雅的校花了。

几个月之后，公司里人员变动，老总的位置空缺，候选人就在李菲儿老公和另一位同事之间。在最终确定之前，公司股东举办了一场带家属参加的聚会。这也是一种考核，股东认为，一个男人除了出众的能力，还应该有一个得力的贤内助做后盾，这样才攻不可破。

聚会上，李菲儿虽然精心打扮，可仍旧脱不掉"家庭主妇"的影子。另一位同事的妻子，一出场便惊艳到众人，她是一家大公司的销售总监，给人精明干练的感觉。股东在背后议论纷纷，说这样的女人肯定能给丈夫提供工作上的帮助。

最终，李菲儿的老公落选了。他感到万分沮丧，李菲儿却安慰他说："做副总也挺好，不用管多少事，还能照样拿钱。"这几句话，让他瞬间崩溃，终于忍不住和她大吵起来。

这些年，他努力工作，为了就是提升自己，做上老总的位置，这也是对自己努力和能力的认可，是一个男人的梦想与尊严。可她却不懂，她只会在安逸的环境中过自己的小日子。这种安逸，让她渐渐失去了光彩，变得毫无魅力可言。他开始有了和她分开的想法。

离婚后的李菲儿又回归职场，她想尽快找回以前的状态，有一份稳定的事业。因为她想夺回孩子的抚养权。几年的安逸生活，将她身上的闪光点消磨殆尽，让她步履维艰。她也终于明白，女人不能一味地依靠男人，享受安逸，因为不知道哪一天，这份安逸突然就没有了。

一次同学聚会上，李菲儿对我说："真羡慕你，现在有自己的事业，家庭关系也这么和睦。前几年我的生活太安逸了，自己变得麻木松懈，这是最致命的问题，安逸的生活就像温水煮青蛙一样，在不知不觉间，自己已经失去了太多太多……"

我安慰她说："恭喜你，从安逸的生活中走出来了。现在的你，还是那么美。"

生活就是这样，有时安逸，有时动荡，你不可能永远处于同一种状态中。只有不断变化的人生，才能带来生命的律动，就像茶叶一样，只有在高温浸泡下才能散发出清香。

人总是贪图享受，喜欢躲在自己营造的安逸的小世界中，尽管人们都知道"生于忧患，死于安乐"的道理。在需要刻苦学习的时候，有人选择了安逸，宁愿花时间去玩游戏、刷微博和刷抖音；有人明明手上的工作已经堆积如山，却拒绝加班，宁愿把时间用在小说或美剧上。

我始终相信，没有走不出来的人生，只有走不出来的人。安逸的环境和温水一样，待久了会麻木和沉沦，谁也不想成为温水中的青蛙吧？人可以享受舒适，但是不要沉溺和贪图，不要为此放弃人生追求；可以习惯一种状态，但是不要害怕改变，不要因为安稳而放弃努力。

↓钟华清心语↓

没有走不出来的人生，只有走不出来的人。往前一步，你会发现，真没有你想象的那么难！

输不起的人，终究一事无成

不畏惧输，结果不一定会赢，然而畏惧输，结果一定是输。

——钟华清

西南大学经济学硕士、国有银行前客户经理、中国微信自我营销第一人肖森舟的太太、森舟茶叶公司老板娘、易灸灸华清创业帮创始人、瑞丽薇兰面膜联合创始人、新时代创业辣妈典范……在人们的眼中，我拥有无数个头衔，不过比起被称作“电商奇才肖森舟太太”，我其实更想被称作“易灸灸华清创业帮帮主”。

这是因为，独立创业让我获得了不一样的成长，也让我获得了前所未有的人生体悟。从前的我，是专注于相夫教子的“电商奇才肖森舟太太”，我生活在温馨的家庭港湾里，所见的一切都是柴米油盐酱醋茶；后来的我，是驰骋商界的“易灸灸华清创业帮帮主”，我生活在广阔的崭新世界里，所见的一切都是更大的格局、更了不起的能人、更有潜力的市场、更多的赚钱机会。从一开始，我就没有把自己定位成一名家庭主妇，没有守着这份安逸，所以我才能在平凡的生活中逆转了人生，让生命绽放出更绚烂的光彩。

身边很多人都在钦慕我的成功，他们常常感慨："你看你多幸运，老公很有能力，你也很有才华，一出来创业，就一路顺风顺水。"其实，成功关乎幸运、能力、才华，但更离不开魄力和胆识。想创业、想赚钱的人多如牛毛，但在创业和赚钱的路上前怕狼后怕虎的人也比比皆是，他们输不起，也不敢尝试，结果当然是什么都做不成。

"如果倾家荡产地创业，最后真的倾家荡产了怎么办？"这是很多人的顾虑。创业，就像是扔硬币，是花是字，必然各有百分之五十的机会，可如果你不去扔硬币，那么连百分之五十的机会都不会拥有。

2013 年，微电商行业迅速蹿红，我看到了这片还未开拓的疆土中的市场机遇，我的手中有了一枚硬币。2015 年 6 月份，一切准备就绪后，我毫不犹豫地扔出了这枚硬币，开始了天珍录易灸灸的创业之路。4 个月后，易灸灸团队迅速发展到了两千多人，业绩月入百万。2017 年 11 月，我出席北京易灸灸核心高层会议，看到了每个高级别创业合作人都在不断学习、勇于探索，我们一起携手走在日益精进的成功路上。我们这一路走来，能够领先于别人，并不是因为我们很厉害，才有了开始的权利，而是开始之后，我们才慢慢地变得很厉害。

很多时候，我们不缺发家致富的方法，缺的是一往无前的魄力和胆识。我很喜欢李敖说的一句话，"前进的理由只要一个，后退的理由却要一百个。许多人整天找一百个理由证明他不是懦夫，却从不用一个理由证明他是勇士。”

为什么很多人会有输不起的思想？这是因为，他们把人生比作一场体育比赛，拼尽全力却还是输了比赛之后，输掉的不仅是比赛本身，也许会连同自信、尊严和以后的运动生涯都输掉了。从此以后，对于失败的恐惧会如同一块裹脚布，裹住我们的脚，缠住我们的心，消磨我们的意志，使人受困于灰色的记忆牢房中。

陷入“一朝被蛇咬，十年怕井绳”的桎梏中，即便拥有了美好的梦想和可贵的机遇，想要再次迈出前进的步伐也是很困难的，因为此时我们对任何事物的聚焦点都是“我也许会失败的，我无法承受失败”，所以在还没有进行尝试之前，就放弃了成功的机会。

假如，我们看到事物时，只能看到它的负面，常常陷入忧郁；预想事物的结果时，只能想到它的失败，又如何能突破自己、取得成功呢？一次实验就能把电灯发明出来吗？不能！一次飞行就能把飞机造得很完美吗？不能！一个刚刚学步的孩子第一次独立行走就能健步如飞吗？当然不能！任何事情，都是在“允许失败、期望成功、自我激励”的良好心态下才能顺利发展的。你有一颗输得起的心，你才会有赢到最后的幸运。

每一个想要通过创业来改变命运的人，都可以想一想：如此渴求成功的我，是否在某一方面有着过人之处？过人之处，就是你的核心竞争力，是你打开财富之门的金钥匙，它可以是你的资本、背景、学历、经历、口才、形象、学识、人脉……当你发现自己此时一无所有时，别灰心丧气，因为你一无所有，意味着你也没有什么可失去的、可输掉的。那么，你还在担心什么呢？

创业是万人争过独木桥，狭路相逢勇者胜。同样是普通人白手起家，改变命运的机会本就不多，依靠着自己的胆识和魄力，做到事事敢为人先的人，肯定能比别人看到更多的机遇，尤其是那些竞争圈子小、致富概率大的好机遇。

我们都应该成为想赢又不怕输的人。不畏惧输，结果不一定会赢，然而畏惧输，结果一定是输。

↓钟华清心语↓

为什么很多人会有输不起的思想？这是因为，他们把人生比作一场体育比赛，拼尽全力却还是输了比赛之后，输掉的不仅是比赛本身，也许会连同自信、尊严和以后的运动生涯都输掉了，从此以后，对于失败的恐惧会如同一块裹脚布，裹住我们的脚，缠住我们的心，消磨我们的意志，使人受困于灰色的记忆牢房中。

犹豫和徘徊是生命的荒废

一个人选择的对与错、行动的快与慢，都是决定成功的关键。

——钟华清

一天晚上，我把两个孩子哄睡觉了，自己坐在电脑前赶一个活动策划案。

肖老师走过来，轻声问："我去做点夜宵，你想吃鸡蛋面条，还是青菜瘦肉粥？"

"吃面条吧，做起来方便。"我认真做事的时候，很难分心，说完又后悔了，"还是做青菜瘦肉粥吧，最近有些上火，吃面条不如吃粥，清热解火……"

肖老师有些无措："你确定吃粥吗？"

"呃，现在时间太晚了，做粥浪费时间，还是做面条吧！"

肖老师有些无语，只丢下一句"女人真是优柔寡断"，便转身去了厨房。

半小时后，他将一碗热腾腾的青菜瘦肉粥端到我面前，笑着问我：“策划案做好了吗？要不，先吃夜宵，然后继续做？”

我说：“不要了，还差一点，粥先放桌子上凉一下。”

肖老师正要端走，一缕粥的清香飘了过来，刺激到我的食欲。

我摆了摆手，对肖老师说：“等等，还是先吃粥吧，我突然有点饿了。”

肖老师愣了几秒，然后一脸茫然地说：“女人变得真快啊！”

我确定自己不是一个优柔寡断的女人，至少在做某些决策的时候，还能保持明确果断的性格。不过在一些琐碎小事上，却仍旧表现出女人特有的选择困难症。

吃粥的时候，肖老师又说了一句：“女人有时也挺难懂的，还好我读了你这么多年！”

女人有这么难懂吗？我突然想起一个笑话：有个女孩被男朋友惹生气了，她拿起手机想给男朋友发条信息，犹豫了好久却不知道说什么。她先是气愤地编辑好一条信息“一切都结束了，我再也不想见到你”；想了一下，没有发送，又编辑了一条“以后别联系我，休想再见到我”，仍旧没有发送；最后她又想起男朋友曾经的好，于是发信息说“我想你了”。

女人的优柔寡断好像是与生俱来的，在每一道选择题面前，都会犹豫和徘徊，害怕自己的选择不正确，即使自己做对了选择，有时也会后悔不安，因为害怕自己的选择不够好。

我身边有些女人，整天都处于惶惶不可终日的状态中，不是担心工作，就是担心家庭，好像没有一件事可以让她们感到安心。所以，无论她们做什么决定都会优柔寡断，不知道如何取舍。一个优柔寡断的人，或许只是因为对于自己拥有的东西太过在乎，可又自信不足。

有时，我也会遇到一些优柔寡断的代理商，她们明显想要投资做易灸灸，又各种举棋不定，各种疑问和担忧，洽谈时我会尽量解答她们的疑问，让她们知道做代理商的发展前景，也会提醒她们将要承担的一些风险。我发现，那些过于优柔寡断的人，最终也没有做好决定。

曾经看过一本书，叫《最伟大的力量》，作者马丁·科尔在书中写道：“世间最可怜的，是那些做事举棋不定、犹豫不决、不知所措的人，是那些自己没有主意、不能抉择的人。这种主意不定、意志不坚的人，难以得到别人的信任，也无法使自己的事业获得成功。”

在现实生活中，一个人选择的对与错、行动的快与慢，都是决定成功的关键。

选择是每个人都会遇到的问题，人生也是由各种选择组成的。如果在做选择的时候总是优柔寡断，必然会与很多难得的机遇擦肩而过，也会让自己陷入过度谨慎的怪圈。

如果当初我在走出家庭、选择易灸灸品牌时犹豫不决，那么，很可能就错过了这么优质的产品，以及做微商的最佳时期。最终，也不会拥有现在的事业。现在，我深切地感受到，创业的过程就是一场战争，有竞争对手的威胁，有行业大佬的威胁，有自我不足的威胁，更有环境和政策约束的威胁。

很多时候，可能遇到的障碍和困难是难以预料的，即便在创业之初已经做足了失败的准备，但并非每一个“障碍”都能不磕不绊不受伤。

所以，在做每一个决定的时候，既要深思熟虑，又要果敢决绝，两者并不冲突。

当我们面对机遇时，如果优柔寡断，缺少快速决断的精神，往往会白白错失机遇。在这个讲究效率的时代，片刻的迟疑都有可能让机会流失，只有快速决策才能让自己站在决胜者的位置。要知道，你的每一个决定都会带来不同的结果。

对于创业者来说，优柔寡断更是一个致命的打击，因为它可以击败人的自信心和判断力。

那些习惯犹豫不决、左右徘徊的人，他们做得最多的事情就是思考、恐惧和不作为，他们表面上给人一种在做准备的假象，事实上，他们一直没有做出过决定。

这就像一个人呆呆地站在河边，一直在观察河水的深度、河边上的环境，甚至天气的变化。虽然他想渡河，却什么行动都没有。另一个做事讲究效率的人，他也许对于河水以及河边上的环境并没有充分的了解，但是凭借自己的直觉和自身的经验，以及现实中处理问题的能力，他却成为第一个人达到河对岸的人。

易灸灸做大之后，经常会有朋友问我："当初你为什么能认准易灸灸这款产品？"我回答："因为我看到了它的品质，看到了市场前景，因为有信心，所以毫不犹豫。"

↓钟华清心语↓

现实生活中，行动的快与慢，是决定成功的关键。所以我们最好不要把时间浪费在犹豫和徘徊上，而应该快速做出决定，快速采取行动，如果只有积极的心态而没有积极的行动，那么积极的心态也只能止于心态，不会有任何效果和作为。起步稍慢的结果，就是会增加很多遗憾，也是对生命的荒废。

推开窗，你才能拥有可以飞翔的天空

当你拥有丰富的经验，能够做到事事胸有成竹时，就不会再感到害怕了。

——钟华清

古代女子深藏在闺阁之中，帘幕紧合，很少有机会走出自己的小世界，做自己想做的事。那是封建礼教的枷锁，让女人的一生活得狭隘而卑微。

现在，女人少了很多束缚，有机会和男人并肩齐坐，甚至在某些方面可以做得比男人更好。一个有胆识的女人，能够将那些看起来遥不可及的梦想实现；而内心充满畏惧的女人，只能活在自己的幻想之中，永远都无法闯出新的人生轨迹。

如果向往自由，就不要画地为牢。当你卸下枷锁的时候，才能拥有可以飞翔的天空。

刚做易灸灸那段时间，身边的亲戚朋友都很关心我的身体，说："你转型自己创业，是不是比过去辛苦多了？不要把身体累坏了啊！"我觉得创业确实辛苦，却乐在其中。

生活对每个人都很公平，它的公平在于，起点不同的人依然有机会改变局面。人生来就是要背负各种责任，我的责任就是让易灸灸生机勃勃地发展下去，因为这份责任我只能奋不顾身。我不觉得这有多苦，在我眼里，这些付出正是我肩负责任前行的台阶。我知道什么是值得的，什么是关键时刻的关键付出。在关键的机会面前，人总要拼一拼，才不辜负自己。

我认为一个人就像一座城市，越忙碌，越代表着一种积极态度。一座入夜就熄灭灯光、投入睡眠的城市，是不适合年轻人打拼事业的。同样，一个畏首畏尾、不肯吃苦、停滞不前的人，在他的人生里也难有突破。

自从创业以来，经常会有人对我说："华清，你太厉害了，能将易灸灸扩大到现在的规模！"面对这样的夸赞，我总是有些不知所措，因为在我看来，任何愿意吃苦的人，都可以做出这样的成绩。有一句话叫"将欲取之，必先予之"，很多人为了终极目标，往往舍弃了太多作为一个人的正常需求，甚至也错过了很多追逐梦想的幸福。

当然，这些都是创业者必须坚持和付出的东西。创业最大的难处不是辛苦，而是内心设限，以及对于未知充满恐惧。创业是一种投资，投资就有风险性，如果害怕承担这种风险，就等于放弃了成功的机会。尤其当你跨足全新的领域时，内心会有各种担忧与恐惧。

在全民创业的时代大背景下，很多人都有创业的想法，但真正采取行动的人却很少。

每个人都害怕“不确定性”带来的恐惧感。创业过程中处处充满“不确定性”，你随时可能遭遇失败，遭遇不被他人所理解的困扰，以及承受经济上的损失。正因为如此，很多人才不愿意采取行动，只要没有行动，就不会遇到挫折，就不会失败。

一个人内心的恐惧感，除了源于外界的风险和“不确定性”，还源于内在的不自信。

由于缺乏自信，认为自己的能力不足，所以做任何事都会感到害怕。不过，我认为一个人内心的胆怯是完全可以克服的，只要不断丰富自己的阅历，多一些经历，多一些成长，让自己获得自信，并且能够充分认可自己的能力。

当你拥有丰富的经验，能够做到事事胸有成竹时，就不会再感到害怕了。

除了强化自身以外，还可以多和他人交往，特别是那些优秀的人，与他们交流思想，不断充实自己，慢慢告别内心的胆怯。

如果你是弱者，最大的敌人便是你自己；如果你是强者，最好的朋友也是你自己。

我始终觉得，人生就要敢于尝试，敢于冒险，当不再逃避并克服了内心的恐惧时，才能以更加开放的姿态拥抱人生，领略到更加广阔的精彩世界！

所以，不要在平凡世界中去固守你的世界观，风景有很多，而你的勇气，却是世界最美的风景，助你攀上人生中一座又一座巅峰，知难而进，不惧卷土再来。

所以，趁着年轻，请一定要奋不顾身一次，去拥抱无比精彩的世界，打破内心中的坚固营垒，打开心中紧锁的那扇窗，这样才能做到全无顾忌地奋勇拼搏。

这些年以来，对自己的挑战也恰恰是探索、行动、坚持的过程，而在这个飞速发展的时代，它们早已成为我生活的常态。我愿意继续付出，继续做一个事业家庭兼顾的人，关上窗是温暖的家人，打开窗，是供我展翅翱翔的广阔天空。

↓钟华清心语↓

有的人在大风大浪面前仍旧岿然不动，有的人却像惊弓之鸟，总被未知的恐惧所俘虏。在面对同样的困难时，格局大的人总能找到解决的方法，格局小的人却只看到失败的影子。

Chapter 2

第二章

破茧之后，让翅膀逆着风迅速成长

如果你选择了蓝天，就算逆飞也要展翅飞翔。每个人都会经历寒冬蛰伏，四季轮回，然后破茧而出，如蝴蝶翩跹起舞。临渊羡鱼，不如退而结网。茫茫世界，人虽渺小，却并非微不足道。只要跟随自己的内心，选择适合自己的道路，不断提升、不断努力，哪怕是柔软如水，也可化为利刃，水滴石穿。

你在临渊羡鱼，我已退而结网

你想守住自己的饭碗，就无法体验什么是流浪；你想寻找自己的舞台，就不要只看着自己的饭碗；你所谓的稳定，可能只是静止的灭亡。

——钟华清

在创业的新时代，我们身边都是竞争者，有的人在事业上蒸蒸日上，春风得意；有的人却屡屡受挫，次次失败。两种人对比，难免会产生一些落差感。

同样是人，同样为了创业而拼搏，为什么好运总是光顾别人？而自己辛辛苦苦，却始终没有别人好？这样比较之后，又开始反思：为什么别人能够成功？靠的是他自己的努力，还是偶然的好运气？为什么自己会失败？失败的原因是什么？自己应该怎么做，才能成功呢？

反思的结果也有两种，一是豁然开朗，二是陷入更深的迷茫。

我听一位企业家朋友说过一句话:“成功的创业者眼光都高于常人。”我很赞同这样的观点,一个人的眼光高低,确实会决定他在创业之路上能走多远。目光狭隘的人,在选择创业项目时看不到发展新契机,只会盲目从众。他们的思维方式永远都是那样,平常得就像流水线上生产出来的商品,没有分明的棱角,没有创意和突破。

成功学里有一个悖论:你想守住自己的饭碗,就无法体验什么是流浪;你想寻找自己的舞台,就不要只看着自己的饭碗;你所谓的稳定,可能只是静止的灭亡。

中国古代有一个典故叫“临渊羡鱼,不如退而结网”,说的是有一个人在河边看到水里的鱼又大又多,很想吃,就天天守在河边“望鱼兴叹”,一个老人看见了,就对他说:“你天天在河边看着这些鱼,鱼也不会自己跳上来,你不如回去织张网来捞,可能更管用一点。”那人听了,就真的回去织了张大网,当他把网撒到河里后,果然捞到了又大又多的鱼。

这就是眼光高低的区别。在转瞬即逝的创业机遇面前,目光短浅的人只会临渊羡鱼,目光高远的人却已退而结网。其实,羡慕别人的成功是一件很痛苦的事,因为它无法让你活在当下。当你一直生活在羡慕别人的阴影下时,就会越发不自信。只有把注意力从旁人身上转移出来,提高自己的眼光和格局,才能看到不一样的世界,也获得更多的发展机遇。

在我刚从事微商行业的时候,很多人对于微商还不算了解,虽然也有很多创业者从微商做起,最终成就了自己的事业。不过,这些“成功者”只是其中一小部分,更多的人只是在观望、试探，羡慕别人的成功，自己却不敢采取任何行动。

我还清楚地记得，当时很多人看到我在朋友圈做微商，都跑来给我留言：

“真佩服你的勇气，居然做起了微商。”

“能够做自己的事业，真让人羡慕啊！”

“希望你能成功，等你成功了，再来向你取经……”

这些给我留言的人，也曾有过创业的冲动和想法，但终究只是临渊羡鱼。他们现在仍旧过着朝九晚五的生活，每天围着老公、孩子转。所以，羡慕只能是羡慕。无论看着别人收获再多的鱼儿，自己不采取切实行动，只能是两手空空。

我的一位同乡好友，他大学主修计算机，研究生读的是计算机智能，毕业之前在一家跨国公司实习了半年。在实习的过程中，他发现自己的专业知识还不够牢靠，于是选择放弃十几万的年薪，打算回学校好好巩固自己的专业知识，拓宽自己的知识领域。

回学校之后，他申请延期毕业一年，开始学经济学和金融学，有时还会跑去哲学、艺术、中文等看似毫不相关的专业蹭课。他的决定让身边的人很不理解，无论换成任何人，可能都不愿意放弃那样好的工作和优厚的待遇吧？

一年后，他毕业了。当时受金融危机影响，公司的薪酬待遇很不景气。可是，他却以更加丰富完善的专业知识拿到了之前3倍的年薪，让之前所有不理解他的人大吃一惊。

在一次同乡聚会上，我问他：“当初，你为什么要放弃跨国公司的工作呢？”

他回答说：“我只思考一个最简单的问题：假如没有了眼前的

工作，自己还能够做什么？去当作家写专栏吗？我的文字功底不行；去开淘宝店？我又不知道网店运营的具体模式。所以，我只是把眼光放长远一些，去学习更多知识，当自己的能力变大时，脚下的路才会变宽。”

我想，他这种退而结网的行为，值得我去学习，也值得所有人借鉴。

当一个人的眼光放得足够长远时，才不会只看到眼前的饭碗，而失去人生的舞台。

我选择走出家庭，就是想让自己更独立、更自主、更有底气，不用羡慕别人的优秀，不用过掌心向上的生活。另外，我也想帮助肖老师分担一些压力，因为现在行业的风险性很大。一个家庭，如果只有一个男人出来工作，养老婆、孩子，孝敬父母，压力之大，可想而知。相比之下，夫妻一起出来工作，共同承担风险，压力会减少很多。而且，事业上的同步会让夫妻之间更齐心协力，更懂彼此。

经过这几年的打拼，易灸灸团队不断壮大。无论是当初的小团队，还是如今的大团队，不管竞争多么激烈，易灸灸始终坚持着不变的好品质，不会好高骛远，失了本心。这也是易灸灸团队退而结网的选择。易灸灸从始至终都坚持着以人为本，为客户着想的理念，坚持从客户的角度出发，使易灸灸能够最大程度上满足人们的需求。因为这些努力，让易灸灸这款产品获得了良好的市场反馈，也在行业内站稳了脚跟。

每个人都能依靠自己的力量去奋斗。在这个世界上，获取成功不能心存侥幸。当我们通过自己的辛苦劳动创造出惊人的价值时，便会感受到无比的幸福。

↓钟华清心语↓

当你想去做一件事情时，就应该马上去做，任何迟疑或观望，都有可能让你失去最佳时机。而且，人生是经不起等待的，每个人都争分夺秒地前进，你怎么能原地踏步？守着饭碗或许会让你拥有短暂的安稳，但那毕竟不是自己想要的人生。

选错比做错更可怕

你我深知，选择与努力同等重要。选择产品跟选对朋友一样重要，交喜欢的朋友，做喜欢的事业。

——钟华清

人的一生中需要做出无数次选择，这些选择就像无数条“道路”，将影响一个人的人生走向以及未来的际遇。在创业过程中，选错比做错更可怕。

错误的选择意味着努力的方向错了，这样永远也无法到达理想的终点。

记得在创业初期，肖老师也和我谈过选择的重要性，他不会给我讲大道理，而是讲一些有趣的案例，让我真正懂得如何去看待选择的问题。

他说：“有个北京人，1984 年做了一个重大的选择，就是卖掉自己在鼓楼大街的四合院，一共凑了 30 万元，打算离开中国，去意大利淘金。到了意大利，他过着风餐露宿的生活，白天送快递，晚上学外语，在贫民区遭遇 7 次抢劫和 5 次殴打，如此奋斗了 30 年，终于攒下 100 万欧元，差不多 768 万元人民币。他以为自己终于可以回国安享晚年了，没想到当他回到北京的时候，发现当时卖掉的四合院在中介挂牌 8000 万，他瞬间就崩溃了……”

有时候，选择真的比努力更重要，一个正确的选择可以让你少奋斗几十年。

至于我为什么会选择开发大健康产品？我想，是因为我们所处的这个时代环境。

从目前我们所处的小环境来说，亚健康的状态已经越来越普遍化，越来越年轻化，像颈椎病、肩周炎、腰椎盘突出、关节炎……以前当我们听到这些词语的时候，想到的只有老年人，但现在却出现在大多年轻人身上，特别是坐办公室朝九晚五的白领。而易灸灸是一款热效、药效、灸效三者合一的产品，能够迅速渗透，疏通经络，祛寒除湿，缓解或消除身体各种不适。同时易灸灸的使用操作十分简单，携带也很方便，无论是疲惫劳累，或者是湿寒所引起的疼痛，只要贴一贴就有效果，非常符合现代人的需求。

从大环境来说，全民养生已经成为一种趋势，所以我和我的团队选择去做这样一款大健康产品，而且一直坚持去做，从 2015 年一直坚持做到 2018 年，已经是第四个年头了。因为时代环境的需求，决定了易灸灸是一款刚需产品。放眼周边的人群，随处都可以找到这款产品的需求客户、意向客户。需求决定了这款产品的存在价值，这款产品的品质决定它的生命线。

这便是我当初选择易灸灸的原因，因为正确的选择，所以努力都没有白费。这段经历也给我一些启发。我认为在做选择时，最重要的两点就是：认清自己的能力和认清时代的环境。

哲学家尼采曾经说过："聪明的人只要能认识自己，便什么也不会失去。"选择伴随着每个人的一生，并决定了每个人一生的路线。正确认识自己才能信心百倍，精神抖擞；正确认识自己才能选你所选，爱你所爱，不至于让人生的航船迷失方向。

除了认清自己，还应该认清时代环境，毕竟我们不可能脱离时代、脱离社会，独自发展。你我深知，选择与努力同等重要。选对产品跟选对朋友一样重要，交喜欢的朋友，做喜欢的事业。当然，我们也不能只看到正确选择所带来的帮助，而忽略努力的重要性。

正确的选择只是一个起点，真正的成功是在千锤百炼之后，在厉兵秣马之后。

↓钟华清心语↓

那些失败的人，并不是完全因为自己的选择不对，而是努力太少。拼命地努力，仍旧可以把一个不情愿的选择做到极致，同样成为人生的大赢家。

有意义是一天，没有意义也是一天

有意义是一天，没有意义也是一天，何不“物尽其用”，将意义最大化。

——钟华清

我一直认为，时间是最公平的，因为每人每天都拥有 24 小时，不会有人多一秒或少一秒。这是时间的常量，没有人会被时间偏袒，也没有人会受到时间不公正的待遇。

随着岁月流淌，日月轮转，我们唯一能做的就是珍惜时间，把每一天都过得有意义。

在快节奏的时代，各种忙碌的琐事会让人力不从心，每天都有做不完的工作，参与不完的活动或会议，处理不完的事务。人们整天都处于这样“忙碌”的状态中，可真正做成的有意义的事情，却是寥寥无几。

生活忙碌并不意味着生活得有意义，没有意义的忙碌生活才是最可怕的。

我记得大学时上过一堂选修课，导师提出的艾森豪威尔法则让我印象深刻。艾森豪威尔法则又叫十字法则或四象限法则，讲的就是如何充分地利用时间，完成有意义的事情。

这个法则源自创始人艾森豪威尔的十字时间计划：画一个十字，分成四个象限，按照先后顺序分别划分为重要紧急的，重要不紧急的，不重要紧急的，不重要不紧急的。按照要求，把自己要做的事都填写进去，然后先做重要而紧急的，依次再做重要不紧急的，不重要紧急的，不重要不紧急的。以这样的方式去管理时间，工作生活效率会大大提高。这个法则在世界上广为传颂，成为成功学家们所津津乐道的美谈。

那节选修课让我受益匪浅，课后我又自己去学习了时间管理的相关课程，其中让我印象最深刻的是人的“黄金时间”和时间管理的“二八法则”。

时间在每个人手中都是相同的，人人都拥有黄金时间，只是有的人善于利用，而有的人却白白浪费了。后者也不是没有付出努力，而是将努力用错了地方。很多人不都是在做这样的事情吗？明明应该用来工作的黄金时间，却用来聊天、刷朋友圈，等到大脑陷入疲惫期后，又拼死加班，最后自然效率低下。有的人工作却十分“悠闲”，效率也极高。他们并没有具备什么特殊的能力，仅仅善于总结和利用自己的黄金时间。在黄金时间来临时，他们紧紧抓住时机，全身心地投入到工作中去，最后花费同样的时间，却取得比别人更好的成绩。

“二八法则”是世界上公认的最好的时间管理法则之一。

19 世纪末，意大利经济学家维弗雷多·帕累托首次提出了这个法则。他对 19 世纪英国人的财富收益模式进行了取样调查，发现英国大部分的财富都流向了少数人手中。

后来，他再次指出，社会上 20% 的人占有社会上 80% 的财富，也就是所说，财富在人口中分配具有不平等关系。他还发现生活中存在很多不平衡的现象，他说："这些不平等的关系，都可以用'二八法则'来解释，虽然从统计学上来看，精确的 80% 和 20% 不太可能出现，不过这个定律仍然能够用来解释大多数的投入与产出可能存在的关系。"

我很认真地思考了"二八法则"在自己生活中的表现，自己是不是投入了 80% 的精力，最后却只得到 20% 的回报？我们经常听到一句话，"时间都要用在刀刃上"，如果能够将自己的时间和精力集中在 20% 的重要的事情上，必然会让时间发挥最大的价值。

很多人贪图"快"产生的效率，可在生活、工作中，还是有数不清的事情排着队等着自己去做，没时间同家人认认真真地吃上一顿丰盛美味的晚餐，没时间同身边人来一场说走就走的旅行，没时间早起跑步锻炼身体增强体质，没时间学习自己想学的东西充实自身，没时间做早已经安排和计划好的事情……

有的时候，"没时间"不过是一个托辞罢了，一个为懒惰而开脱的借口。

每个人的时间都是一天 24 小时，我也不例外。如何才能做好时间规划，既可以照顾好自己的家庭，又可以把事业做好呢？我觉得关键就在于规划和权衡。

当你按照事情的重要程度规划好时间，心无旁骛地严格执行每个时间点需要去做的事情。比如说，在孩子放学到孩子睡觉这段时间，我会将一切抛在脑后，把重心放在两个孩子身上。等孩子们熟睡之后，我再来处理我的工作。人不能一心二用，也根本没有两全其美的事情，通过自己的平衡和权衡，当下哪件事情更重要，就去做哪件。

我曾遇到一些有创业合伙意向的人，他们想要加盟易灸灸，但是又会说："我没有时间啊，我要照顾家庭和孩子啊……"

遇到这种情况，我都会对他们说："时间就像海绵里的水，是可以挤出来的。"

我认为自己是最有权利、最有资格说忙的人——两个孩子、一个茶叶公司的财务、一个团队，那么多人，那么多事，我依然会在 24 小时之内完成当天的一切事务。

有人说，每个人的时间都是 24 小时，8 个小时大家都在上班，8 个小时大家都在睡觉，差距的产生，就在于如何充分利用剩余的 8 个小时。当你想真正做好一件事情的时候，就不会给自己那么多理由。有的人会追剧，有的人会约会，有的人会陪伴家人，有的人会为自己充电……无论如何利用，请一定记住，将时间用在最有意义的事情上。

有意义是一天，没意义也是一天，何不"物尽其用"，将意义最大化。

↓钟华清心语↓

把时间花在有意义的事儿上！能够比别人多赚一桶金的原因，只能是你更懂得选择和更愿意坚持。别拿自己的时间见证别人的成长和财富的增长。

奇迹只在重压之下迸发

很喜欢这句话：创业就该逢山开路、遇水架桥！生活，有压力，才有奇迹。

——钟华清

现代女性是幸运的，因为生在男女平等的时代，女性也有权利追求自我价值。

不过，在男女平等的社会价值引导下，女性走出家庭撑起半边天的同时，也承受着巨大的压力。无论女性扮演怎样的社会角色，都脱离不了家庭责任的束缚。因此，社会对于女性的期望值也越来越高，从单纯的相夫教子，到上得了厅堂，下得了厨房，写得了代码，翻得了围墙，开得起好车，买得起新房……女性在重压之下，或叫苦不迭，或迸发奇迹。

前几天，我在网上看到美国国家统计局发布的一项数据，关于世界各国的劳动参与率，中国居然位列第一，而中国女人的劳动参与率更是高达 70%。要知道，法国男人的劳动参与率才 62%。我看到有网友评论说“中国女人比法国男人还强悍”，心里还是有所触动。现在已经不是“男人负责赚钱养家，女人负责貌美如花”的时代了。现代女性可以毫无顾忌地在职场上拼搏。

我有一位闺蜜，前几年跑去北京发展，那时她打电话告诉我，她打算在北京买房。虽然她拿着比白领还高的工资，但是想在北京买房，仍旧压力山大。

她说：“家里人劝我，买房是男生的事，我一个女孩子不必给自己那么大的压力。”

我问：“你为什么那么坚持想要自己买房呢？”

她说：“我只是想给自己留下后路，以后结婚吵架了，至少我还有地方可去，不要让对方认为吵得再凶，我还是得乖乖回家，觉得女人只能靠着男人……”

我很欣赏闺蜜的性格，说了几句鼓励她的话，真心希望她能达成自己的梦想。

可是以她的能力，想要北京买房，在任何人看来都是天方夜谭。

初到北京时，她在一家广告公司做策划，每天工作 10 个小时以上，比公司里的男人还努力。尽管这样，收入也并不高。几个月之后，她又跑去做房地产销售，每天费尽唇舌，面对形形色色的客户。只是她的运气并不好，一个月也没有卖出一套房。再之后，她又跑去做酒吧歌手，做了一段时间服装生意，摆过地摊……

她拼命地赚钱，承受着无比巨大的压力，可她从来不说。直到她存够了房子首付的钱，才兴奋地打电话告诉我说：“亲爱的，我做到了，从今天开始，我也是有房的女人了。”

她真的实现了自己的梦想，在所有人看来，那就像是一次创举，一个奇迹。

我想，每一个伟大的人物都要经历一段磨砺，才能在重压下迸发奇迹。人生如茶，茶叶只有用沸水沏泡，才能释放出沁人心脾的香韵，那些没有吃过苦，不用承受压力的人，就像温水沏泡的茶叶，只在生活表面漂浮，而无法沏泡出生命的芳香。而那些吹风沐雨、几经沉浮的人，如被沸水冲沏的茶叶，最终在高温高压中释放出沁人的清香！

我相信人的潜力是没有极限的，只有自己设限。

我曾在一本杂志上看过这样一个科学实验：科学家给南瓜压上一定重量的物体，随着南瓜越长越大，然后不断在上面添加更重的物体，以考察南瓜的耐压极限。春去秋来，南瓜成熟了，科学家把它切开，观察其内部构造是否发生了改变。出乎意料的是，这个经受了重压的南瓜竟然坚硬无比！切菜刀是切不动它的，抡起刀来砍，刀反而被那南瓜弹回来。最后，科学家找来电锯，总算把大南瓜锯成两半。这时科学家发现，南瓜内部的纤维组织已经完全固化，无法再食用，其果肉的坚硬度已经相当于一株成年铁桦树的树干！压力，不但没有阻碍南瓜的生长，反而提高了南瓜的坚硬度和坚韧度。人难道还比不上南瓜吗？

2015 年的 6 月份，我接触到易灸灸这个产品，开始组建团队。当时拿到产品的时候，绝大多数人对于易灸灸这个产品的认识几乎是零的，也就是说大家都不知道易灸灸是什么样的一个产品。2015 年，微商界可以说是护肤品的天下，所有做护肤品的微商，只需要在朋友圈放出产品，轻轻松松便可以收到订单。但是，人们对大健康产品关注度并不高，大健康产品也非常稀缺，当我跟别人讲什么是膏药贴，如何使用的时候，几乎都是满脸的问号。那么，一款产品的认知是零，或者认知才刚刚开始，在这种情形下去招代理，可想而知是一个多么艰难的过程。可以说，这个产品是从 0 到 1 一步步走过来的。

在前期，有很大部分代理商被囤货压货吓怕了，我的压力也很大。当时的微商，正处于一个比较敏感的阶段，所以在招代理的过程中，并不顺利。面对各种压力，我几乎快坚持不下去了，还好有肖老师的鼓励："创业压力肯定会很大的，别把结果看得太重要，尽力去做就行了。我只希望你能每天过得开开心心的……"

我最终还是坚持下来了，并且做出了比较好的成绩。这一切也归功于我所承受的压力。

创业就该逢山开路、遇水架桥！生活，有压力，才有奇迹。有压力才会有进步，才有可能创造出奇迹。所以，人若想有所作为，不要惧怕压力，就算没有压力，也请尝试去挑战一下不可能，把不可能变为可能就是一种奇迹。

↓钟华清心语↓

在没有压力的境况下，人处于放松状态，大脑是慵懒的，四肢是松弛的，人的能力和潜质顶多释放了百分之十。而一旦遇到了压力，人的意志和情绪得到了激发，往往能最大限度地调动自己的能力和潜质，从而制造出平时不可能制造出来的奇迹。

经历和尝试，应该是动词

愿你能懂，没有想出来的路和人脉，一切在于经历和尝试，做和用心，很重要，应该是动词！

——钟华清

朋友圈里看到一位美女在晒自己的旅行照片。

她穿着一条白色的连衣裙，站在一丛灌木前，身后是茫茫的草原和橘红色的天空。她附文说："我终于体验到了非洲大草原的野性与张狂……"看来，她真的去了非洲。

几个月前，她请我吃饭，谈易灸灸的代理事宜。两个人相谈甚欢，由工作谈到了自己的生活。她刚结束一段五年的婚姻，用了短暂的时间调整自己的状态，现在只想做好事业。

她说："等我的事业做好了，就去非洲玩，感受那里的原始气息，肯定很自由。"

没想到，短短几个月时间，她就真的去了非洲。

你就是自己的王，而不是一粒尘埃。

人生如画，愿你的每一次落笔，都充满爱与价值。

我觉得她是一个有想法的女人，而不是那种活得寡淡无味、谨小慎微的女人。虽然她的婚姻并不成功，但是她的人生并不失败，至少真的去做了自己想做的事情。

每个人都会经历失败，只是有的人会被失败定格，有的人却勇于尝试，屡败屡战。

现实生活中，我看到很多失败的人，他们总是迫不及待地想要翻过这一页，仿佛自己的错误有多么不可原谅似的。可是，成功与失败原本就是不可分割的，没有经历过失败就不可能成功，也没有哪一个成功可以跨越失败。在每个人的意志行为中，出现错误与失败是再正常不过的事情，而对待错误与失败的态度将决定你的未来。

成功学家说，人生的高级博弈，不仅仅是如何追求成功，更重要的是如何面对失败。

人们对于失败的恐惧，让我想起了心理上著名的“瓦伦达效应”。这个效应来源于一个真实的故事：美国有一位高空钢索表演者，他的名字叫瓦伦达。很遗憾的是，他在一次众人瞩目的表演中失足身亡了。事后他的妻子含泪说道：“我知道这一次他肯定要出事，因为在他上场前就一直说‘这次表演太重要了，一定不能失败，绝对不能失败……’而此前无论参与什么表演，他只是专心为其做好准备，而不去想其他事情，也不会担心表演的成功或失败。”后来，人们把这种专心做事，而不在意这件事的意义和结果，不患得患失的心态，称为“瓦伦达心态”，又把这种害怕失败而导致失败的情况称为“瓦伦达效应”。

在某些情况下，人类大脑中的某些图像会像现实情况那样刺激人的神经系统，从而影响到人的行为及心理。比如一位篮球运动员在比赛前提醒自己一定要进球，而他的大脑中往往会出现“没有进球”的情景，这一情景会直接影响到他的发挥，让现实的情况向他害怕的方向发展——最终真的没有进球。

因此，害怕失败才是最大的失败。如果一直被失败的体验定格，就无法拥有成功的未来。

这几年，随着微商事业的发展，让我不断地去尝试未知，工作能力方面、事业成就方面都有很大的进步，同时也遭受过无数次失败。每次事业受阻时，肖老师都会默默地支持我，帮我分析失败的原因，从失败中获取经历，不断让自己成长。

现在我会感谢这些失败，因为于我而言，失败的经历是一种有益的经历。它最终没有打败我，而是让我除了获得物质和财富上的增长外，也让我的工作能力得到很大提升。比如说，以前在生活中遇到的很多问题，我都会觉得是大问题，而现在，我会觉得天大的事都是小问题。只要我在，无论发生什么事，我都可以针对每一个问题，做出相应的解决方案，凡事都可以解决。

莎士比亚曾经说过：“本来无望的事，大胆的尝试，往往能成功。”即使遭受失败，我们也要不断去探索尝试，这样才有可能打破常规，才能让无可救药的事起死回生。

有些事，不去尝试就不知道，我们自己有多么优秀。任何一个有成就的人，都有勇于尝试的经历。尝试也就是探索，没有探索就没有创新，没有创新就不会有成就。所以说，成功人生自尝试始。人生之路遥远而迷茫，前方是未知的，只有不断的探索尝试，踏出第一步，我们才能走出失败的阴影；只有勇于尝试，坚持不懈，才能有成功的一天。

也许会有人嘲笑我们不自量力，但是那又如何呢？对于那些冷嘲热讽，笑笑就好。嘲笑我们的人看不到我们的努力，也理解不了我们的快乐，悄悄地，不要解释，等到有一天我们变得强大的时候，再站在他们面前。

敢于尝试，是一个人有勇气的体现，是一个人对未知的向往，它会使我们每一天都充满希望和动力，会使我们的生活充满积极的力量，这种力量，让我们对生活充满热情。

尝试或许无法带给你想要的结果，但是尝试的过程却能够让你拥有勇气和自信，让你更加坚韧、更加乐观。积极的心态，从容不迫的自信，都是获得成功的砝码。

正因为如此，你才应该勇于尝试，向人生的至高点发起挑战。

↓钟华清心语↓

多次尝试后，我变得沉着冷静，耐下心去处理所有事情。其实，女人对一些东西还是很敏感的，如果你能够去捕捉到这种敏感，并且尝试克服种种的问题，将会让局面往更好的方向发展。

忠言逆耳，结交敢于直言的朋友

我会感激那些给我巴掌的人，有他们在，我才会发现自己的不足，从而变得更好。

——钟华清

一天，肖老师下班回家，脸上洋溢着掩饰不住的笑容。

我问他："今天怎么这么开心？"

他说："回家路上遇到一个算命的，说我最近好运连连……"

我笑着说："你还相信这个啊？"

他摇摇头说："我只是喜欢听他说好话，谁不喜欢听别人夸自己呢？"我想也对，每个人都喜欢听好话，哪怕是算命先生的一句好话，也会听得心花怒放。

在这个"见人只说三分话，未可全抛一片心"的社会，每个人身边都有许多会说话、说好话的人，可是能够对你直言不讳，直接指出你的缺点和不足的人却很少。

心善之人敢直言，一个敢对你的缺点直言相告的人，必定是真诚待你。有的人喜欢见面就夸你，让你以为自己真的如此完美，而当问题出现的时候，这样的人却无法给你好的建议或意见。相比于那些口蜜腹剑的人，能够告诉你牙上沾着菜叶的人，才更值得你去结交。

曾经，我也是一个心高气傲的女人，也不喜欢那些批评我的人，觉得他们是在故意挑我的毛病，也见不得我好。那时只喜欢听好话，而对一些“不好听”的建议或看法，拒不接受。

我记得卡耐基在《人生的弱点》里写过这样一段话：“人的天性之一，就是不会接受别人的批评，总认为自己永远是对的，喜欢找各种各样的借口为自己辩解。”因此，当你迷茫、找不到努力点和努力方向时，不要想着别人哄你，而是要遇到一个能一眼看出你的问题点、骂醒你的人。这样的人才是人生的益友，才能让你更好地完善自己。

肖老师有一位朋友，几年前在家乡开了一家小型的咖啡馆，生意还算不错。咖啡馆周年庆的时候，肖老师还带着我一起去参加了。饭局上，肖老师给朋友提了一些意见，希望他的生意越做越好。朋友虽然听了，却有点不上心的感觉。

后来，咖啡馆的生意蒸蒸日上，他又开了几家分店，并且结实了一些合作伙伴。其中一位合作伙伴怂恿他炒股，他立刻对炒股产生了深厚的兴趣。不过，他对股市并不了解，每次都是跟着别人买，或者挑顺眼的买，为此亏了很多钱。

肖老师得知此情况之后，打电话劝他：“你这样可不行，股市来得快，去得也快，没有炒股的专业人士指导，肯定会吃亏的，就算是那些整天研究股市的人，也不能保证自己只赚不赔……”

他却反驳说：“不一定吧，那么多炒股的人，不是人人都会去研究股市的，这靠的是运气，不是经验。我最近运气好得不行，还有了一些经验，反正偶尔能赚上一把！”

肖老师劝说无效，心想等他过了兴头再去劝劝，没想到，下次再劝他的时候，他反而指着肖老师的鼻子说：“你真当我是朋友吗？总是说这些扫兴的话，你是不是嫉妒我赚钱啦？”

肖老师无言以对，之后再也没有提过炒股的事情。

朋友的胆子越来越大，每次炒股赔了钱，他都安慰自己能够赚回来，结果一发不可收拾，几乎将自己的钱都砸了进去。

这时，他的咖啡馆也出现资金周转问题，如果无法解决，很有可能会因此关门大吉。一天晚上，他主动打电话给肖老师：“我错了，我现在才真的明白，宁愿冒着得罪自己的风险而敢于批评的人，才是真心关心自己的朋友。如果当初我接受你的建议，或许就不会是今天这样的结果了……”

肖老师不仅没有生他的气，还借钱给他，帮他渡过了难关。

古人有云，良药苦口利于病，忠言逆耳利于行。逆耳的忠言，虽然听起来让人难以接受，却能够刺激自己反思，促使个人主动改变现状，收获成长。正如企业家陈永泰所说：“在经营的过程中，不可能没有缺失，对于好的消息我固然高兴，但我更重视坏的情报。”

某些情况下，朋友的“挑刺”不过是希望你能够更快地独立成长，就像父母经常说：“其实骂你们是恨铁不成钢，谁都想听好听的话，好听的话不一定中用……”小时候，总觉得这样的话不顺耳，长大后方领悟到，父母的良苦用心。

或许有人会觉得，自己更希望别人帮助自己成长，而不是在鞭策、批评中成长。其实，那是因为他们不明白一个道理：你优秀，就会有人帮你，也才会有人帮你。人与人之间的吸引，靠的是品格。如果别人不帮助你，大多数情况下是因为你还没有得到别人的认可。想要让别人帮你其实很简单，就是把别人也当作和你一样有情感需求的人，尽量满足他们的情感需求，无论是被认可还是被尊重。在别人帮你之前，帮对方把帮你的成本降到最低。在别人帮你之后，给人家一个反馈，帮他们把心里的那个圈画圆满了。这样，你就可以赢得别人的帮助！

在之后许多年的工作中，我恪守这个道理，无论多么需要对方给我订单，无论站在我面前的是怎样的大人物，我不会点头哈腰地去换取别人的施舍，我会拿出十二分的诚意和准备来赢得对方的认可。你是个真诚的人，别人就会给你机会；你是个优秀的人，别人就会给你信任；若你是个刻意奉迎的人，那就怨不得别人无法给你真正的尊重。

我一直用这个原则带领团队，以身作则地影响身边的人。

高尔基说过："真正的朋友，在你获得成功的时候，为你高兴，而不捧场。在你遇到不幸或悲伤的时候，会给你及时的支持和鼓励。在你有缺点可能犯错误的时候，会给你正确的批评和帮助。我们应该这样拜托自己的朋友，这样的友谊才是真正可贵的。"

我会感激那些给我巴掌的人，有他们在，我才会发现自己的不足，从而变得更好。

↓钟华清心语↓

当你迷茫、找不到努力点和努力方向时，不要想着别人哄你，而是要遇到一个能一眼看出你的问题点、骂醒你的人。

我们都不是一粒尘埃

你就是自己的王，而不是一粒尘埃。

——钟华清

以前读过苏岑的小说，很喜欢她说过的一句话："需要你的人，才是你需要的人。"

在感情世界里，女人总会生出卑微之心，一直放低自己，一直低到尘埃里。原来那个有点任性，有点傲娇，但是自信满满的人，再也找不到了。只不过，这样的妄自菲薄，也不一定能留住爱情。

在创业过程中，特别是遇到困难的时候，也有人妄自菲薄，低估了自己的能力。

这样的人存在严重的自卑心理，不管做什么，他们都会怀疑自己，看不到自己身上的长处和优点。由于不能很客观地认识自己，找不到喜欢自己的理由，也就不能悦纳自己。在工作中常常会因为怀疑自己的能力，让自己不能很好地发挥应有的才能。其实，人只有首先认可自己，才能接受别人的认可；也只有充分相信自己，才能不为外界的环境所影响。

现在我们所处的是一个人才济济的社会环境，周围有很多的人比自己优秀，这是一个不争的事实。但是每个人有每个人的独特价值，我们不能因为别人的优秀而否定自己，更不应该在自己的工作和生活中贬低自己的价值，切不可妄自菲薄。

老家有一位堂弟，比我小几岁，从小他就在绘画方面显示出过人的天赋。从小学到高中，每次参加绘画比赛，他总能够获得不错的名次。他的画被校长收藏，甚至被父母放在网站上去拍卖，价格还不低。每次回老家，我总能听到亲戚朋友对他的夸赞。

那时候，除了他的父亲，所有人都认为他将来一定会成为一名出色的画家。他的父亲认为画画没有前途，希望他将来成为一名律师，至少收入是稳定的。他自己也没有坚持，甚至妄自菲薄地认为，画画确实没有前途。进入大学之后，他选择了与绘画无关的法学专业。大学毕业以后，他没有及时找到满意的工作，又向家里借钱去做生意，直到赔光的时候才发现自己根本不适合这行。

“我好像只适合画画，可是我已经放下画笔很多年了。”

他悔恨不已，却找不到回头路。他放弃了自己的优势，只能蹉跎度日。

每次想到他，我都会觉得很惋惜。如果当初他没有妄自菲薄，而是坚持学习绘画，或许现在就是一名画家了。要知道，成功者的道路是无法复制的，每个人必须做出自己的选择，按照自己的方式去工作和生活，这样才能活出真正的自我，才能创造属于自己的成功。

著名作家拉塞尔 · H. 康维尔说过："世界上至少有百分之九十五的人，觉得自己不如别人，他们没有成功和幸福的根本原因，就是习惯用别人的标准去衡量自己。"

为什么有的人习惯妄自菲薄，而无法坚持自我的选择呢？世界上的每一个人都有不如别人的地方，同样也在某些方面超过所有的人。所以，你就是自己的王，而不是一粒尘埃。

在举重方面，有多少能够比过保罗 · 安德森；在舞蹈方面，有多少人比亚瑟 · 毛瑞更厉害；在掷铅球比赛中，又有多少人的成功能够超过白利 · 欧布莱恩。

上帝在创造人类的时候，并没有一个绝对的标准，他让每个人类都拥有自己的独特之处，这种独特就像每一片雪花都拥有不同的形态一样。而那些习惯妄自菲薄的人，很多都是因为低估了自己，小看了自己。在困难面前，他们总觉得自己做不来，做不了，从来就没有给自己一个机会，让自己尝试一下。

我们身边有很多人自我定位能力较弱，甚至缺乏"自知之明"，要么盲目自信，过高地定位自己；要么妄自菲薄，过低地定位自己，这样如何能够处理好自己与他人，自己与周围环境的关系呢？很多年轻人在上大学之前，盲目地报考那些"热门"专业，根本没有思考自己是否真的适合。其实从入学到找工作，都应该有一个准确的认识，要知道自己适合做什么，能够做什么。这样一步步走下去，获得成功也是理所当然的事情。

一个人的价值是多方面的，除了自身的价值以外，还包括他在社会与人生中的相关价值。因此，在给自己定位之前，最好能够对自己的总体价值有一个客观而全面的把握，比如你本身拥有怎样的才能、技术或者经验，它们可能创造出哪些价值等。

只有清楚地知道自己的价值点在哪里，才能给自己准确地定位。

一位职业规划师曾说过一句很棒的话："无论你的天赋有多高，能力有多大，知识水平如何出众，你在事业上的成就，总不会高过你的自信心。"

这就像有一张纸，如果被人扔在地上，踩来踩去，将失去它的所有价值。相反，如果用心去对待它，它可以用来写字作画，也可以叠成纸飞机，飞得又高又远。

人也是如此，自己的命运永远握在自己手里，想让它变得有价值，还是让它变得毫无意义，也在于你自己的心态。你是自己最大的敌人，战胜你自己，才能够战胜一切艰难险阻；战胜你自己，才能打败竞争者，成为社会的主流。

无论在感情或事业上遇到多大的困难，都要记住：宇宙浩瀚，我们微小，但不卑微。

↓钟华清心语↓

很多时候我们总是低估了自己，对自己的定位不清晰，从而错过了遇到一个更加优秀的自己。逼自己一把，很多事并不需要多高的天赋，仅仅需要你的一份坚持，一个认真的态度，一颗迎难而上的决心。

柔软的手，锋利的刀

每个女性，都有两个自己：一个事业女性，一个家庭女性；一个刚强，一个柔弱。

——钟华清

五月份，我陪肖老师去北京参加一个电商交流会，有幸结识了许多电商名流。

虽然会议安排得很正式，不过大家一起讨论电商、微商上的心得与问题，感觉更像是一次茶话座谈会。举办方让几位电商代表上台发言，其中有一位女性创业者让我印象深刻。

她穿着黑色的女式西装，戴着一副黑框眼镜，看上去精明而干练。

她站在讲台上，慷慨激昂地讲述自己的创业经历，然而台下有位听众却打起了瞌睡，呼噜声回荡在大厅内，显得十分尴尬。

面对这样的情况，她并没有方寸大乱，而是顿了顿，微笑着对大家说:“这季节温暖舒适，挺适合睡觉的。我知道自己魅力不足，经历也不够坎坷，让大家听我唠叨，可能会感到困倦，所以我不反对大家打瞌睡，但是有两个小意见，我必须提出来:一是睡觉的姿态要优雅，不要弯腰驼背;二是尽量保持安静，不要鼾声如雷……”

此话一出，全场哄然大笑，那个打瞌睡的人也被吵醒了，大家的困倦都一扫而光。

我低声对身旁的肖老师说:“这个女人挺厉害的，说话绵里藏针，刚柔并济。”

肖老师点头，小声说:“主办方选出来的代表，肯定不简单。”

从她的讲述中，我了解到:她在网上卖医疗器械，每个月的营业额都远超同行数十倍。在工作中，她精明能力，善于管理，办事效率极高，自我约束力极强，是个不折不扣的女强人。回到家中，她又是另一副模样，对医生丈夫永远柔声细语，一副小鸟依人的样子。

我想，她的成功是有道理的，这个时代需要这样刚柔并济的女人——有柔软的手，也有锋利的刀;顶得住工作上的压力，过得了事业上的难关，对身边人又柔情似水。

英国诗人西格里夫·萨松写过一句经典的诗句:“心有猛虎，细嗅蔷薇。”每个人女人的内心深处或许都住着一只猛虎，因此在某些时刻总能坚定不移、勇往直前。但忙碌而远大的雄心也会被温柔和美丽折服，安然感受美好。猛虎与蔷薇并存，才是真正的刚柔并济。

卡耐基在《做内心强大的女人》一书中写道:“一个人如果必须通过外界的评价来证明自己，这只能说明内心不够强大，只有不再需要依赖外界对自己的评判，自己就能证明自己的时候，内心才是真正强大无比了。一个内心强大的人，才能真正无所畏惧。也只有内心的强大，我们在生活中才会处之泰然，宠辱不惊，不论外界有多少诱惑多少挫折，都心无旁骛，依然固守着内心那份坚定。尤其是女人更需要内心强大。”

现代社会信息万变、压力倍出，像林黛玉那样弱柳扶风的女人，已经难以立足。现代社会更需要花木兰那样的女人，从“唧唧复唧唧，木兰当户织”的深闺少女，到“愿为市鞍马，从此替爷征”的女中豪杰，在沙场上驰骋，披荆斩棘，巾帼不让须眉。

我记得主持人杨澜说过一句话：“年轻的女孩要有一种初生牛犊不怕虎的闯劲，要勇敢地去追求自己热爱的事业，对未来充满希望和期待。”她还说过：“喜欢看书的女孩，她一定具有沉静良好的心态，一定是出口成章且优雅知性的女人。”

杨澜所说的“闯劲”，不就是勇敢的内心，心有猛虎的冲动吗？她所说“沉静良好的心态”，不就是柔软的内心，细嗅蔷薇的温柔吗？

女人应该学会坚持并相信自己的价值，不要轻易否定自己，不要动摇自我尊重。我们可以活得简单，但千万别让自己只有天真。简单，是历尽曲折后发现自己真正需要什么，并永远信任自己；天真，是未经世事经验不足，盲目跟着别人的方向跑。

一个女性出来工作，除了可以让自己更独立、更有底气之外，还有更多的意义。

事业跟家庭是相辅相成的，事业的不断精进可以带来好的家庭生活，因为一个美满的家庭，物质基础非常的关键。同样，一个好的家庭生活才能够更好地辅助事业，因为事业归根到底是为了家庭。如果我没有美满的家庭，只低头去做事业，那么我会是一个非常冰冷、没有幸福感的女性；如果我为了家庭而放弃我的事业，让我日复一日地做 24 小时的好妈妈、好老婆，我又觉得我过于软弱。每个女性，都有两个自己，一个事业女性，一个家庭女性；一个刚强，一个柔弱。对我而言，两者缺一不可。

当事业遭遇难关时，要用柔软的手，锋利的刀，刚柔并济地解决问题。

↓钟华清心语↓

温柔是情绪的反义词，而情绪是内心不够强大的表现。无论你的身份是妈妈、妻子，还是老板，都应该学会控制情绪，更重要的是不断强大自己的内心。因为控制情绪只是单纯把情绪压制下去，而真正的温柔，是对待任何事都处之泰然。只有在练就了足够强大的内心时，我们才能够真正的温柔起来。

Chapter 3

第三章

女人的时光，浓淡相宜时最美

女人最美好的生活，应该是时光浓淡相宜，人心远近相安。浓时如墨，热情奔放，敢想敢做；淡时如水，润物无声，与世无争。在事业上精明能干，在生活中柔情万种。这样的女人精致、简单、自由。哪怕时光带走了青春美貌，可美好的气质深藏于心，久久散发出馥郁的芬芳。

一个完整的女人

一个女人无论有多成功，无论扮演什么角色，如果连陪家人、孩子的时间都没有，那再大的成功都失去了意义！

——钟华清

追溯女人的一生，如同徐徐展开一张画卷，每处风景都如此耐人寻味。

一个完整的女人，一生必然经历各种角色、各种特质的不断转变，从少女时的天真烂漫，到人妻时的温柔典雅，再到人母时的爱意绵绵，甚至老了也会平静安详。

我是一个非常典型的闽南人，从小在原生家庭中耳濡目染，受我母亲的影响很大。在我的印象里，母亲是一位非常刚强的女人，为了我们一家大大小小、老老少少的生活任劳任怨。所以我每次放学回家或者是在外地求学，一定是一到家就找妈妈，看妈妈在哪里。

长大以后，母性的力量对我的影响仍旧深远。我一直认为，一个女人是一个家庭中非常重要的角色，这个认知一直影响到我成家，有了孩子之后。我会告诉自己，无论平时再忙，我都必须做好一个妻子、一个母亲的角色，而不会因为事业而忽略身边的人。

很多人说，我越来越温柔、越来越平和，越来越像一个“幸福”的女人。其实，我并不是一直这么温柔，在和肖老师刚结婚的时候，我还是挺强硬的，有点心高气傲、刀枪不入的感觉。还好时间是个好东西，能够将一个人的棱角磨平，让一个人的性格变得温润起来。

当我成为人妻，成为人母之后，渐渐发现怎么样的一个角色、怎么样的一个性格会让自己更加舒服，于是便让自己活成那样的姿态，去辅助好先生的事业，去做好一位妈妈的角色。因为爱，让我变得越来越柔和；因为爱，让我变得越来越美好。

作为妈妈，我必须在生活中注重自己的一言一行，给孩子最好的引导和最好的爱。有了儿子之后，我也发现身边没有那么多强硬的妈妈，而“女强人妈妈”也不那么可爱。我觉得一个太强硬的妈妈，会将所有的东西包揽下来，对于孩子的成长并不一定有利。

我很庆幸，现在我的儿子对我的印象还是：我的妈妈很能干，很会赚钱，但我的妈妈同时也是一个普通人，很需要我，很需要爸爸。我不需要在一个男孩子面前表现出我的强大，相反，我会在他面前适当地扮弱，因为只有适当地扮弱，才能够激发出他男性想要保护女性，有责任、有担当的那一面。

在我生完儿子还没有生女儿的时候，我就决定，这辈子一定要有个女儿，因为女儿像是另一个自己。我可以跟女儿成为闺蜜，成为好朋友，可以去分享很多儿子不关注的东西。对于女儿，我会站在同为女性的视角，去告诉她这个世界五彩缤纷美好的一面。

同样，我也是妈妈的女儿，所以我会尽量做到孝顺，去理解自己的父母。我一直觉得孝顺这个东西不是说出来的，而是言传身教的。当你自己有了这个能力，真正懂得去感恩你的父母时，这种美德可以在你的家庭中一直延续下来的，代代相传。

作为妻子，我也经历过内心的成长与转变。刚和肖老师结婚时，我任性地以为自己就应该被宠着、被爱着、被捧在手心。那时更多的是索取，而没有理解作为妻子的真正含义。

现在我渐渐明白，如果婚姻是一棵树，妻子便是这棵树的根须，只有妻子的深植，才能让婚姻屹立不倒。所谓妻子，就是那个与丈夫身心相容的人。妻子也有责任经营感情和家庭，柴米油盐不仅不会使女人褪去光芒，反而会显示出另外一方面的美丽。

当我开始创业，开始接触商圈之后，我开始更理解肖先生，也会慢慢体会他有多么不容易，对他的付出感同身受。我想成为他的后盾，更想成为与他并肩作战的人。男人的力量来自女人的支持，这也是女人应该给男人的信赖与依靠。

有人说，一个女人无论有多成功，无论扮演什么角色，如果连陪家人、孩子的时间都没有，那再大的成功都失去了意义！在创业路上，我勇往直前，但我不喜欢只管前行而忽略身边的人和事儿，合理安排时间，给自己和家庭都留有时间和空间，这样创业才有意义。

单有事业没有生活的女性，是不完美的；单有生活没有事业支撑的女性，是觉得有遗憾或者缺少充实、价值感的！一个完整的女人，是既可以兼顾家庭，又可以不荒废事业的。可谓“两手都要抓，两手都要硬”，能够做好事业家庭的平衡。

人生如画，但愿你的每一次落笔，都充满爱与价值。

↓钟华清心语↓

单有事业没有生活的女性，是不完美的；单有生活没有事业支撑的女性，是觉得有遗憾或者缺少充实、价值感的！

比成功更重要的，是成熟

成熟的女人应该像一坛陈年老酒，甘甜醇厚，令人心醉。

——钟华清

女人都渴望获得幸福，也有获得幸福的权利。不过，人生之路迷雾重重，很多人往往会偏离幸福的方向，错把成功当幸福。成功并不是幸福的前提，成熟才是抵达幸福的捷径。

一个人成功容易，成熟却很难，特别是心理上的成熟。

前段时间，一位大学同学请我喝咖啡，她是那种标准的“傻白甜”，人长得甜美，心思又特别单纯。见面后，她便开始向我哭泣她的“悲惨爱情故事”。

原来，她向自己的男神表白，却被对方毅然拒绝了。她满心不甘，从来都是别人排队追她，各种对她献殷勤，这次自己主动表白，居然还被拒绝了。她实在想不通，自己年轻貌美，身材高挑，家庭背景也不错，况且与男神相处一直不错，为什么会被拒绝呢？所谓女追男隔层纱，她原本自信满满，觉得男神肯定会答应自己的告白，结果却让她措手不及。问其原因，男神给出五个字：“你不够成熟。”

她问我：“你觉得我真的不够成熟吗？”

我回答：“你挺成熟的，至少拥有这个年龄段的成熟度，只是他可能喜欢更成熟的女人吧！和那些经验老道，处世老辣的女人相比，你确实算年轻了。”

她听着，委屈地大哭起来，好像遭受过致命的打击一样。

成熟不是得失两忘、宠辱不惊吗？成熟不是理智而不失激情，冷静又不失从容吗？成熟不是在成败面前很淡定，面对生死又很坦然吗？每个人对于成熟的理解不同，定义也不同。

我认为，成熟的女人应该像一坛陈年老酒，甘甜醇厚，令人心醉。成熟女人有一种处变不惊的从容，胸有成竹的大气，与世无争的淡泊，游刃有余的从容。一个成熟的女人，能够使家庭温馨和睦、事业蒸蒸日上，能够获得自己想要的幸福。

成熟也不能与成功画等号，成功可能会让人迷失，成熟却会让人清醒而沉着。

才子苏轼十九岁参加科举考试，一路高歌，少年得志，可以说是成功的典范。可那时的他，不能说有多成熟。之后的人生，多次入狱，受尽磨难，体味世间的炎凉，人情的淡薄，不断剖析自己，才终于写出不朽的诗文，流传千古。

冰心曾说过：“如果这个世界上少了女人，就少了 50% 的真，60% 的善和 70% 的美。”

成熟的女人，应该有成熟的外在形象。形象，体现一个人的修养与品位，显露人的内在情操。它类似于你的“教养宣传”——你拥有怎样的生活态度、精神内涵，它一一帮你诠释；而通过解读你的形象，周围的人才可以认识你，了解你，继而成为你的客户、朋友或伴侣等。成熟的女人会很注重自己的形象，不会让人看到就产生轻浮的感觉。

成熟的女人，懂得世故，而不世故，更懂得如何获得幸福。我们通常认为，一个人若能同时获得完满的事业、和谐的家庭，无疑是成功而幸福的。关于幸福，其实大部分人正困惑着：为什么很多人获得了事业上的成功，却难以为自己的幸福生活画上一个完美的圆呢？这些对于幸福的困惑，也是不够成熟的表现。也许关于幸福的寻找，永远都无法给出一个确定的答案，但是真正成熟的人，知道如何去寻找、体验和感受幸福，所以他们从来不缺幸福。

我曾经看过一本书，名字叫《女人的成熟比成功更重要》，作者从理论和实例上精辟细致地介绍了女人对待工作，配偶、生活、家庭、事业和自己应持有的心态。书中有一段话，我至今仍然记忆犹新：“在顺境中心存感恩，在逆境中心存感谢。感谢伤害你的人，因为他磨炼了你的心智；感谢欺骗你的人，因为他增长了你的见识；感谢鞭策你的人，因为他消除了你的业障；感谢遗弃你的人，因为他迫使你自立；感谢绊倒你的人，因为他强化了你的能力；感谢斥责你的人，因为他助长了你的定慧……感谢所有使你更加坚定生活的人。”

“山因蕴玉而辉，水因环珠而媚，女性因自信而美”。自信可以为女人的魅力加分，尤其是人到中年后，青春不再，如果没有自信与落落大方的气度，无论曾经多美丽，也会因岁月流逝失去光彩。我们天生的容貌自己是决定不了的，但后天的容貌却可以掌控。你的知识、你的涵养、你的性格，完全可以从你的面貌上体现出来。但是，女人要达到真正的成熟，还需要经过生活的磨炼和自身修养的加强以及成熟心智模式的强化。

成熟的女人，懂得将生活与事业区分开来，不同时刻，扮演好不同的角色，而不会将事业的烦恼带入生活，也不会因为生活的琐碎而影响事业。

一个女人经历过是非成败，品尝过酸甜苦辣，看惯世间的悲欢离合，终将成熟。

↓钟华清心语↓

最好的生活是银行卡的余额在增加、体秤机上的数字在减少，内心越来越沉稳、做自己喜欢的事情就全力以赴、给自己和家人一点闲暇时间、泡泡茶、健健身、弄弄花草、看看书！

人生保持巅峰状态，转角也会遇到爱

> 当我们在追寻人生巅峰状态的时候，家庭与亲情就是我们的后盾，当我们为了事业打拼得筋疲力尽时，转角会看到，我们的家，就在那里，家里的人，在等我们。
>
> ——钟华清

有人说，上天给了女人漂亮的外表和功成名就的机遇，注定要把她的幸福从婚姻中抽走。我倒觉得这种认知十分浅薄，甚至有一丝丝嫉妒的意思。女人的婚姻是否幸福，上天能左右多少？不都是靠自己去经营吗？只不过女人要同时经营好事业与家庭，需要付出更多罢了。

几年前，我和肖老师携手经营的“森舟茶叶”在淘宝的销售额超过千万元大关，在淘宝同类品牌中排名第一。那时肖老师渐渐有了一些名气，我和肖老师还被称为微商领域的模范夫妻。肖老师将自己的微信签名改成“人生保持巅峰状态，转角也会遇到爱”。

我想，这不仅仅是一句爱情定语，更是所有为事业打拼的人对家庭和亲情的感恩。

家庭永远是温暖的港湾，亲情是滋润心灵的雨露，是我们无论如何都要珍惜重视的。然而，从刷爆朋友圈的王健林时间表就可看出，商界人士总是每天都从早忙到晚，留给家庭的时间很少，陪伴家人的时间更少。曾任招商银行董事、行长，中国企业家协会副会长的马蔚华就曾经发出感慨：“希望多陪陪母亲。”

马蔚华长年累月的工作，很少有休息时间，一旦遇到路演，还要出国，在国外月余，马蔚华甚至忙得连个电话都没有时间打。在接受记者采访时，他说：“前两天我老母亲给我打电话，我说妈妈你有什么事吗？她说没有，我就是想听听你的声音。”马蔚华才意识到，原来自己已经很久没回家了。即便母亲已经被接到身边，得到很好的照料，但作为儿子，还是无法亲自尽职尽孝。

每每看到这些，我都会感觉到商界人士的不容易。事业与家庭的时间，真的很难调和。这是一个很现实的问题。你的精力和时间只有那么多，难免会出现顾此失彼的情况。

我和肖老师都很幸运，因为家庭关系和睦而温馨。无论我们在事业上遇到多大的困难，只要回到家中，都能放下一切重担，享受家庭的温暖。因为留给家庭的时间不多，所以我们更加感恩家庭，感恩父母和孩子，感恩生活的所有馈赠，包括所有的满足感与幸福感。

在我想要个孩子的时候，我的小宝贝出生了。一切都刚刚好，我们的家，圆满了。而当我有了小斯妹之后，我更加深刻地感受到家庭和亲情的温暖。当时，我怀着一颗虔诚的感恩之心，发过一个朋友圈：“老天爷选择让我们娘俩做母女，不是因为我们天赋极高，而是因为我们都是热爱生活的女子，此生有爸爸和哥哥两个大小男子汉陪伴我们、保护我们足矣。”

年轻的时候，我比较心高气傲，性格比较强硬。做了妈妈之后，性格变得更柔和，情绪也变得平和，学会了自我调整。因为我更加懂得珍视亲情和感恩家庭。有人说，女人在成为妈妈之后，会有一个质的变化。当那么小的一个孩子孕育在自己体内，当他从自己肚子里十月怀胎分娩而出，你会感觉到，自己身上有太多太多需要去承担的爱和责任。同时，会对生命、对家庭、对血脉相连的亲情有了更加深刻的认识。

所以，当我成为这个家庭中妈妈的角色时，我告诉自己：“你必须要去做好一个妈妈，必须要担起这份妈妈的责任，必须做好你自己，因为只有你自己做好你自己，才能够更有力量、更有魄力、更有担当地承担起妈妈这个角色。你必须要珍惜这个家，感恩这份情！”

我现在是两个孩子的妈妈，在朝夕相处的家人身边，我有一种前所未有的安定感，感觉很安全，有人需要自己的爱，而自己也是被爱的。我可以时常陪伴孩子，可以经常探望父母，可以与肖老师并肩作战，可以付出一切我应该付出、可以付出的。同时，我也能切身感受到父母给予我的关心，爱人给予我的照顾，孩子带给我的快乐。

当我们在追寻人生巅峰状态的时候，家庭与亲情就是我们的后盾，当我们为了事业打拼得筋疲力尽时，转角会看到，我们的家，就在那里，家里的人，在等我们。想到此，内心总会保持温热，也正是这份温热，支撑着我们一路向前。

↓钟华清心语↓

老天爷选择让我们娘俩做母女，不是因为我们天赋极高，而是因为我们都是热爱生活的女子，此生有爸爸和哥哥两个大小男子汉陪伴我们、保护我们足矣。

事业上的大女人，生活中的小女人

事业与家庭就像鸟的两只翅膀，让我们的精彩人生飞翔起来。一边是事业，一边是家庭，可进可退，游刃有余，占尽人生智慧。

——钟华清

每位已婚女性似乎都会遇到一个问题，就是如何兼顾事业和家庭？

女人不能没有自己的事业，也不能没有自己的家庭，只是要做到事业家庭两不误，确实需要付出很多精力。在这方面做得不错的女人，往往扮演着两种角色：事业上的大女人和生活中的小女人。大女人像“女魔头”，而小女人像“小仙女”。

也有一些女人认为，能够兼顾事业和家庭，不过是一个谎言。在她们的认知里，事业与家庭只能二选其一，要么“解甲归田”，相夫教子，做一名全职主妇；要么从家庭中走出来，全身心地投入职场，保持事业和经济上的独立。

我身边有很多女性朋友，都被这样的问题所困扰。她们有的是全职太太，虽然爱人温柔体贴，可她们始终有种朝不保夕的不安全感，不知道平淡的生活会发生什么样的变故；还有的投身于职场，一心为事业打拼，甚至忽略了孩子成长的黄金时期；还有的想要两者兼顾，最后顾此失彼，留给家庭的时间很少，在事业上也无法获得突破……

我一直鼓励女性朋友要去打拼自己的事业，但不是不顾及家庭，而是要找到事业与家庭的平衡点。在工作中，女人要职业、专业，可以雷厉风行、游刃有余；回归家庭后，女人不能丢失该有的温柔和体贴。工作的时候，女人要百分百的投入，以最高效率来完成工作；下班以后，家庭和自我就是女人的全部。我从不建议一心二用，只有百分百的投入才会换来百分之九十九的产出。

前段时间，《三生三世十里桃花》热播，剧中白浅的扮演者杨幂是我很喜欢的女演员之一，倒不是因为她的高颜值，或者日趋成熟的演技，而是因为她对待事业与家庭态度。

出道多年，杨幂饰演了众多角色，演绎了许多作品。如今，杨幂有自己的演艺公司，旗下也签约诸如迪丽热巴等曝光率较高的艺人。毫无疑问，就事业而言，杨幂是个大女人。而众所周知，杨幂在丈夫与孩子面前，又是妥妥的小女人。在某综艺节目中，有女星爆出，在片场意气风发、风风火火的杨幂，在接到丈夫电话的瞬间，立马变得娇羞可人、柔情似水。女人能像杨幂这样，找到事业与家庭之间的平衡点，也算是一种成功了。

在欧美的一些国家，全职妈妈有相关的法律保护，所以职业与家庭的矛盾点并不突出。而国内女性，特别是新时代的女性，往往承受着更大的压力。国内曾经奉行的是男主外女主内的社会准则，女性的社会地位不高，家庭中的压力为主，而现在，女性既要承担家庭中的责任，又要在事业上有所作为，其困难度可想而知。

这也是女人必须去做的事情，就像天职一样。如果女人整天待在家庭中，只知道围着孩子老公转，没有心思打理自己，迟早会迷失自我。而且，长时间与世隔绝，只会让女人的思维和眼界变得落后，内心的不安全感会不断膨胀，直到爆炸。

很多人会问，一个事业型的女强人，如何兼顾家庭与事业？

其实，我觉得很多事情都没有两全其美的方法，就像你要嫁给一个老公，如果要求他有很多的时间陪伴你，那么势必这个男人的事业发展就有所局限。所以你不能既要求一个男人赚钱养家，又要求一个男人 24 小时陪伴在你身边，这本身就是一个冲突的事情。

很多时候，鱼与熊掌不可兼得。但是，一个妈妈要成为一个优秀的事业女性，却并不是一件冲突的事情。虽然，我们需要花时间去经营事业，但你仍然可以拥有一个幸福的家庭。秘诀只有一个，只需要调整在事业与家庭中的态度与方式即可。具体来说，就是你需要在事业上呈现出大女人的一面，在生活中呈现小女人的一面，做一个精练的老板，一个温柔的太太、温暖的妈妈。

因此，那些说把婚姻视作全部或者把事业视作全部的人，都是偏执的，这不可取。为了爱情，女人甘愿奉献自己的一生，包括放弃自己的事业，这并不明智。为了事业，女人宁愿不要家庭

聪明的人只要能认识自己，便什么也不会失去。

内在的自省，是你坚持的根。

与子女，像男人一样在事业的道路上打拼，那么，生活中就少了一份家的温暖。

女人，应该做事业中的大女人，生活中的小女人，双方兼顾，才是更明智、更真实、更理性的做法。因为事业可以让你经济自立，变得更有尊严；因为家庭可以给你温馨的归宿感，同时家才是心灵休憩的最佳避风港湾。

↓钟华清心语↓

女人如何做好事业上的大女人、生活中的小女人，是必须去思考的问题。如果不能扮演好这两种角色，女人只能被困在家庭中，越来越弱小，直到失去自我；或者只能在事业上疲于奔命，却无所作为。

下午四点半后不应酬

我们不能总是因为忙，要应酬，就忽略孩子身上发生的变化，更不要等孩子与自己疏远了，才想起陪伴。

——钟华清

曾经在朋友圈看过一篇文章，是一个做外贸生意的女强人发的。

她说："我的工作太忙了，每天都要应酬，回到家里，经常是半夜，老公孩子都睡了。每个月也很少有休息日，家庭旅行基本上看不到我的身影。老公是朝九晚五的公务员，孩子也是公婆在带，长期的聚少离多，导致家庭关系紧张，老公对自己冷淡，孩子对自己也不亲近。我真的很苦恼，不知道该怎么办……"

我对她的遭遇深表同情，也为她没能安排好自己的时间而着急。

那时，朋友圈里有一张图片转载正火，不知道她有没有看到。那张图片是贝嫂维多利亚发布在 Instagram 上的照片——她穿着恨天高，躺在沙发上涂指甲油，一条腿平直地放着，另一条腿伸向半空，看上去像一个直角，美腿纤细而不失美感。维多利亚的人生就像一个传奇，她可能是世界上最优秀、最幸福的女人吧！

这些年，她不仅经营着庞大的时尚产业，而且拥有“宇宙级别”的帅老公贝克汉姆和帅儿萌女，最重要的是她十年如一日的好身材，简直会让所有女人心生嫉妒。

她被称为“英国第一女企业家”，可想而知，她有多忙碌。

有人问她：“如果你有超能力，你想要什么？”

她说：“工作睡觉两不误。”

还有人问她：“你最喜欢听到别人问你什么？”

她说：“今晚你愿意早点休息吗？”

很多女人羡慕她的好身材、好事业、好家庭，同时也安慰自己说：“我只是没有时间去锻炼，没有时间去经营自己的事业，没有时间去让自己美丽起来罢了！”

可是，你再忙碌，能够比维多利亚还忙吗？

每个人的时间都是一样，一天二十四小时，我也不例外，怎么样计划好你的时间，又管理好你的家庭呢？我觉得就是做好权衡——当你在某个时间段，需要去做某件事的时候，你就心无旁骛地去做好它。比如我会在孩子放学到孩子睡觉这段时间，把更多的重心放在两个孩子身上；等孩子睡了，我再来处理自己的工作，所以总没有什么两全其美的事情，重要的是自己如何权衡。当下哪件事情更重要，你就去做好哪件事，当下的事情做好了，你再去做另外的事情。

经常也会有一些创业伙伴对我说：“帮主，我要和你做易炙灸代理，我也很想成为一个很棒的事业女性，但是我没时间，我要照顾家庭孩子……”

这时，我通常会对她们说：“其实我应该更有资格去说自己忙吧，你看我两个孩子，又有一个茶叶公司的财务，易灸灸团队又那么多人，那么多事，但是我觉得时间是能够挤出来的，当你想真正地去做好一件事情的时候，你就不会给自己那么多理由。”

我经常会问自己一个问题：如此忙碌地工作，到底是为了什么？

相信很多人奋斗的目标，是为了自己、家人、孩子有更好的生活。可是，眼前的生活也是生活，一边是工作应酬，一边是孩子生日，如果是你，你会怎么选？

熟悉我的人都知道，我的所有应酬，都会安排在下午四点半以前。有人会问，为什么是下午四点半？那是因为，下午五点，我要接小斯妹放学。在我看来，这个世界上没有非去不可的应酬，只有瞬间长大的孩子。假设每天用 1 小时陪孩子，10 年的陪伴时间总和，只有 152 天！长大、上学、工作、结婚……陪伴的日子，又还能有几个 10 年呢？

我们不能总是因为忙，要应酬，就忽略孩子身上发生的变化，更不要等孩子疏远自己了，才想起陪伴。成就一番事业肯定会耗费很多精力，但是那个叫“家”的地方，有更重要的人等着我们去陪伴，有更重要的事情等着我们去做。

孩子的成长也需要他们自己独立的空间，陪伴与陪同不一样，与看管不一样，与管教不一样，与给予物质消费更不一样。在陪着孩子时，如果你在刷朋友圈、逛淘宝、看电视剧、打游戏，这些心不在焉，孩子们都能感觉得到。边玩手机边陪孩子，这种陪伴是低质量的。孩子需要的陪伴是高质量的陪伴——还记得上次陪孩子去游乐场是什么时候？还记得孩子的生日是怎么度过？六一儿童节那天，孩子过得开心吗？

父母爱孩子，天经地义。没有哪个父母不疼爱自己的孩子。可是，很多时候我们没有在孩子身上投入更多的时间和精力。很多人是工作狂，一天到晚只知道工作。忽略了孩子早期的教育与问题，父母总是很无奈地说："没办法，我们要养家呀。"

父母也许忽视了孩子在成长的过程中，是多么渴望父母的爱抚、鼓励和情感交流。只要有心，我们总会抽出时间的。每天抱一抱、亲一亲自己的宝贝，让他们感受到爱的激励和家的温暖。有时间就要多和他们交谈，倾听他们的心声，并及时地给予指导和帮助。

这样，孩子就会有安全感，他们的成长才是健康的、阳光的。

一个女人、一个妈妈想要平衡事业与家庭、个人成长与孩子成长、女性力量与夫妻关系等，真的非常不容易！我们能做的就是做好自己的取与舍，管理好自己的时间！我一直是下午四点半后不应酬晚餐，除非特殊情况或者带着孩子、家人出席，想给自己多一点家庭时间。与此同时，我也一直告诉代理伙伴们，一定要平衡好事业、家庭，华清创业帮不仅是大家的事业梦想前门殿，也希望是我们家庭幸福美满的后花园！

↓钟华清心语↓

一个女人、一个妈妈想要非常好的平衡事业与家庭、个人成长与孩子成长、女性力量与夫妻关系等，真的不容易！我能做的就是取与舍！管理好时间！

你我心里都播种着幸福感的种子

每天有事做，有人爱，有所期待，我觉得这就是幸福。

——钟华清

每个人都希望自己能过上幸福的生活，可幸福的生活到底是什么样子呢？每个人的回答又不尽相同：有人认为幸福的生活就是拥有优越的物质条件；有人认为幸福的生活是不负光阴，活得潇洒；有人认为幸福的生活就是与爱的人相互依偎，不离不弃……

女人的幸福来自哪里呢？我认为，一半来自男人，一半源于自己的心态。

幸福是一种什么能力？它是一个人感受、创造和分享幸福的能力。

幸福与金钱没有必然的关系，坐在宝马车里的女人未必就能笑靥如花，骑自行车的女人也未必怨怼。幸福与生活中的点滴小事有关，它就藏在细枝末节中，藏在平凡琐碎里。

幸福也不是被动地等待，而是主动地选择。

杨澜曾经说过：“幸福是没有固定标准的，如果更多地关注女性自身的成长和幸福力，会促进整个社会的幸福感。女性幸福力不仅关乎女性，也关乎这个社会的幸福力，为什么说女性的幸福力和她们幸福感非常重要呢，因为她们直接养育着下一代生命。”

我一直喜欢看杨澜主持的有关中国都市女性精神世界的大型谈话栏目《天下女人》，栏目组每年都会与北京师范大学心理学院发起幸福女性的调查，而在《2017年中国女性心理健康及幸福力调查报告》中显示，“拥有个人自由的时间”成为中国女性心目中十分重要的幸福感要素。而这个因素，也是最初我要做自己事业的因素之一。

记得有位哲人曾经说过：“一个人的幸福感是与生俱来的，是跟随着一个人的心态融化在全身的血液里的，并且可以随着乐观细胞的裂变而洋溢在身心每一个细微的言谈举止之中的。以至于一个人是否满意自己的生活现状，是否能体会到幸福感，通常是可以从其生活细节与神态表情中不经意间泄露出来的。”

幸福感大多来自于日常的生活，来自于夫妻恩爱或是父母关爱，来自于点点滴滴的生活感受。对于一个家庭来说，幸福都是琐碎而细小的，是细腻而精致的，是柴米油盐的打理，是穿衣吃饭的调配，是弯下身来的一捧暖阳，是阳台上盛开的一株水仙，是陪伴和懂得，是气象万千的爱和柔情。有幸福感的人通常都是对生活持乐观态度的人。因此，从一个人面对现实生活的乐观程度就可以窥见一个人生活得是否幸福。

我始终认为，一个人拥有幸福的多少，其实没那么重要，反而是这个人是否懂得去感知幸福，以及他拥有幸福的度是多少，这很重要。感知幸福比幸福本身重要得多。我觉得我现在就已经达到了自己想要的幸福——有自己喜欢的事业，有一帮创业伙伴的支持和理解，有一个爱我并且在事业上有所精进的先生，有一对可爱的儿女，他们懂得去感受快乐，然后一家人其乐融融的，公公婆婆、父母又很健康……

每天睁开眼睛醒来，有新的事情去做，有新的未知去挑战，有可以看得见的快乐和幸福，围绕在自己身边。每天有事做，有人爱，有所期待，我觉得这就是幸福。

英国诗人约翰·多恩说过："每个人都不是一座孤岛，一个人必须是这世界上最坚固的岛屿，然后才能成为大陆的一部分。"多数女人在少女时期，都曾认为自己是一座孤岛，因为缺少陪伴，所以感受不到幸福。当身边的人给予的陪伴越来越多时，她们就会感到幸福。

随着年龄的增长，女人恋爱了，幸福的感觉又来源于爱情。对于恋爱中的女人来说，爱情可能不是生活的唯一，却是生活中最重要的部分。如果一个女人沐浴在爱河中，幸福的感觉就会爆棚，而在爱情中受到伤害时，幸福感又会大大降低。

女人在结婚之后，幸福感大多来源于家庭。起初是父母创造的家，后来自己结婚了，就要自己去经营家庭。这是一个有趣而富有使命感的转变，也是人生中最宝贵的经历和财富。

事业上的成功，同样会给女人带来幸福感，这是自我价值的实现。

无论你对幸福的认知是怎样的，我都希望你能成为一位幸福的女人。因为幸福是会传染的，就像一种极大的磁场，会让自己成为一个闪闪发光的人，让身边的人主动靠近你。

你我心里都播种着幸福感的种子，它会在爱的沐浴中生根发芽，蓬勃生长。

↓钟华清心语↓

女人，可以很聪明，但不需要很精明。幸福比精明重要太多了，生活的本质应该就是幸福感。谢谢，你我心里都播种着幸福感的种子。幸福不是一味地夫贤子孝，而是自己要活得有价值，内心充实、无可替代！美好的生活需要用心创造，而幸福往往是不期而遇。

精、简、生、活

所谓精简生活，其实就是精致生活和简单生活。

——钟华清

我很喜欢在“简书”上读文章，大多是因为它的页面简洁清爽，一目了然。在这个物质丰盈、信息爆炸的时代，人们越来越追求一种极简主义。生活和工作中的琐事过于烦心，于是删繁就简，以少为多，简单地扔掉一些东西，内心却更加充实了。

结婚以前，我自己一个人住过一段时间，那时候是租的房子，房间里乱七八糟的，也懒得去收拾。每次回到家中，看到各种杂乱的物品，心里都有一种说不完的压抑和烦躁。

后来，自己抽了几天时间，把杂乱的东西收拾分类整理好，将一些不需要的东西扔掉，整个房间一下就变得宽敞起来，心情也随之变好。那时我便有了精简生活的意识。

我并不是一名极端的极简主义者，但一直在为自己的生活做着减法。我扔掉了很多东西，也放弃了很多东西。这种减法并没有让我觉得失去了什么，反而增加了更多的乐趣与心境。

女人，就应该精致，爱美之心，人皆有之。美，并不仅仅体现在外表，大方的举止，儒雅的谈吐，也会让女人处处闪耀着精致美丽的光辉。人类是视觉动物，对美有种执着追求。没有人有足够的耐心透过邋遢的外表去发现你优秀的内在。所以，作为女人，你必须让自己活得精致，这是女人的尊严。

女人要精致，也很简单。充足的睡眠，保证自己第二天精神充足；穿戴整洁美观，尊重他人，也可以获得别人的尊重；穿高跟鞋、涂口红，让自己充满着自信；多读书，让自己内心更加丰富多彩……如果能把每一件简单的事做好，就是一种不简单。

人的欲望有时候就像一个无底洞，尤其是在物欲横流的社会中，无论是对美食、金钱，还是对权力、情感的欲望，都很难得到真正的满足。如果一个人的欲望太多，甚至将欲望发展成为贪婪，那无疑是为自己的生活套上了沉重的枷锁。你想要的东西太多，所以迷失了自己的方向，使自己的心灵丧失自由。

在现实的生活中，因为诱惑太多，我们总是背负着各种欲望在人世间来回奔波，当欲望渐渐地膨胀，直到违背了自己的初衷时，才发现自己已经不堪重负了。

这时候，就要学会精简自己内心的欲望。生活虽然忙忙碌碌，却不能忘记生活的本质。做个内心丰盈又简单的人，这种感觉很好。我喜欢断舍离的理念，为生活做精简，简单的衬衣、一顶帽子、一双平底鞋，在好友家开心舒服地聊天。如此简单，如此惬意。

简单，是可以让人更容易获得成功的因素。志向简单的人不会被繁杂的目标迷乱了视角，欲望简单的人不会被炙热的欲火焚烧了理性，心绪简单的人不会被繁芜的小事拖垮身心，情谊简单的人不会被纷纭的世态封闭了心灵的真挚。真正胸怀远大的人，人生目标确定，志向的劲弓一朝拉满，就会像义无反顾的箭矢一样，向着确定的靶心迅速飞去，而不会因任何纷扰耽搁了生命中精彩的“十环”。

不知道从什么时候开始，我们习惯了信息轰炸。每天面对的都是密集的菜单页面，需要同时完成的任务单、计划表，各种应用通知信息和热议的大小新闻。过去是论坛里刷文章，后来是刷微博，超过 140 字的东西都看不下去，再后来光看标题就已经看不完的各种新闻、消息、评论。每天刷着朋友圈、公众号，各种 APP，一遍遍下拉，等待那个转圈的符号消失，一堆红点出现，再逐一点开查看，点赞转发评论，好像不如此，世界就与我们断了联系，好像不知道大家在关注什么，就被这个世界抛弃了。不知不觉，一个又一个小时过去。这个世界转动的越来越快，要跟上节奏，似乎只能鞭打自己，不停旋转。一个安排接着一个安排，每个空闲都似乎一种带有罪恶感的浪费。只是，在这样的忙碌里，有没有换来你想要的生活？

有舍才有得，自古如此。当生活简单一些，选择少一些，你就能获得更多时间，更多自由。从这个意义上说，你舍弃的，不过是你并不需要的。那些你真正需要的，便会浮现出来。精简生活，绝不是品质的下降，而是深度的提升。

↓钟华清心语↓

我们可以每天都过得忙忙碌碌，但不能忘记生活的本质，要做个内心丰盈又简单的女人，这种感觉很好。喜欢断舍离的理念，周末生活做精简，简单的衬衣、一顶帽子、一双平底鞋，在好友家开心舒服地聊天。

若有气质藏于心，岁月从不败美人

女人的容貌会随着时间的流逝而变得苍老，女人的气质却会在时光中凝结成珍珠。

——钟华清

我听过对女人最好的赞美，不是她长得好漂亮，而是她的气质真好。

一位有气质的女人，魅力远胜过一位有美貌的女人。因为女人的容貌会随着时间的流逝而变得苍老，女人的气质却会在时光中凝结成珍珠。女人的气质来源于哪里呢？

女人的气质来源于精致而有品味的外表。一个不注重外表、不修边幅的女人，能有什么气质可言呢？香奈儿曾有过一句著名的广告语："一味地标榜内在而忽视外在，那也是一种肤浅。"你可以穿着朴素的风衣，可以穿上平底鞋，旁若无人地走在人群中。但是你要注意自己的步伐，注意自己的仪态和眼神，这些细节将决定你能否释放出优雅的气质。

女人的气质来源于有序的生活。在生活中，我们常常因为手头有一大堆的事情，不知道先做哪件而乱了套路。工作中，有一大堆工作要做，往往先做简单的、再做复杂的，有序的生活优于无序的生活。早上 6:00 起床，然后刷牙、洗脸、叠被子，做一些舒展身体的小运动，紧接着就去读 40 ～ 50 分钟的书，总好过聊天到半夜，太阳升得老高了才起床。然后昏昏沉沉地准备早餐，等吃过早餐已是中午了，宝贵的晨光就这样在睡梦中溜走了。

无序的生活只会滋养散漫的灵魂，有序的生活需要强大的自律。从容不迫地做事情，要比急切地做事情更优雅、高效、可贵，只因前者花了时间做了充分准备，才不至于手忙脚乱，因为时间对任何人都是公平的。你的打扮、你的面容，比其他任何因素都能够给你的家庭一种有序、优雅、简洁的氛围。

现在的全职妈妈都很明智地穿上了休闲裤和衬衫，并且素面朝天。这样的确省了不少需要清洁的衣服，也省了不少需要清洗的妆容。即使如此，有些人可以将自己打扮得很整洁，举手投足散发着优雅妈妈的气质，而有些穿着肥大的拖鞋、宽大的休闲裤、脏兮兮的衬衫、披散着头发、板着脸的人，只会让人感觉一团糟。

我很喜欢一句话："你的气质来源于你读过的书，你走过的路，你爱过的人。"

你读过的书，让你变得更有内涵，变得更加渊博；你走过的路，会让你变得更加的心胸宽广，你爱过的人，会让你更加清晰地认识自己，会让你变得更懂感情。

上周末带两个孩子去图书馆，有一件小事深深地触动到我。

一位四岁左右的小女孩，欢快地在书架旁边跳来跳去，然后从书架上拿了一本《茶花女》，轻声对身后的中年女子说:“妈妈，我想看这本书，可以吗？”

中年女子微笑着说:“当然可以啊，宝宝喜欢哪一本，就读哪一本吧！”

然后，小女孩就乖巧地趴在旁边的桌子上，聚精会神地看了起来。

我和孩子正好坐在中年女子身边，我不解地问她:“这么小的孩子，能看懂吗？”

中年女子说:“她不用懂啊，我只是想培养她读书的习惯，让她爱上读书的感觉。”

我的心被触动了，仿佛平静的湖面泛起了层层涟漪，久久不曾散去。

原来，女人的气质要从小培养，多读书便是很好的培养方式。因为喜爱读书的女人，举手投足间都散发着淡淡的书香。书中的养分会让女人的谈吐更加得体大方，让女人的气质更加儒雅温和。爱读书的女人大多知书达理，见识广博，与别人聊天的时候健谈而不浮夸。时间久了，内在气质的修养会逐渐外显，“腹有诗书气自华”说的就是这种境界。

女人的气质，还来源于对待家庭与事业的态度。

女人有爱情、有婚姻、有家庭，也要有自己的独立思维。每个女人都是独一无二的存在，所以要坚守住自己，要有自己的事业和爱好，要有自己的想法，而不是盲目地改变自己，迎合别人，只有不被婚姻、家庭及生活琐事所束缚，才能活出优雅的姿态。

在工作中，女人要从容不迫、毅然果敢，要能快速完美地解决问题。这样才能像穿普拉达的女王那样，在职场上开创属于自己的一片天地。哪怕身在繁复多变的职场，心中仍旧有明确的方向，既吃得下生活的苦，也扛得住事业的苦，永远风驰电掣，永远柔情万种。

总之，时光不可逆转，气质可以重塑，做一个有气质的女人，一个精致的女人，一个充满活力的女人，一个拥有幸福感的女人，不卑不亢，不骄不躁。时光带的走年华，却带不走气质和优雅。一个女人的花容月貌，会被岁月带走；绚烂的青春，也会随着时间流逝。腹有诗书气自华，一生都不褪色的，唯有那永不凋谢的芬芳气质。

↓钟华清心语↓

时光，会把一个女人变成黄脸婆，也会把一个女人雕琢得越发精致。选择的决定权，在自己手里！“若有气质藏于心，岁月从不败美人”！我的生活里可以很简单，但一定要有拥有仪式感。嘴角上扬，做最美的自己！

Chapter 4

第四章

孩子们在成长，我也在成长

当我真正成为母亲之后，才真正理解母爱的伟大。第一次成为母亲，我没有经验，也不够从容淡定；第二次成为母亲，我已经游刃有余，毫无畏惧。随着时光的流逝，我逐渐找到事业与亲子关系的平衡，慢慢懂得家庭教育与学校教育的统一，也找到正确因材施教的方法。我会安排好工作，以及陪伴孩子的时间，孩子们在成长，我也在成长。

有些事，不能只靠想象

当你自己也是一位妈妈时，你才能真正理解母子关系是一种多么深的情分。

——钟华清

我小时候生活在福建农村，记忆中的风景美丽如画，有田野、树木和小溪，还有一个温馨和睦的家庭。小时候不能完全理解父母的恩情，只觉得父亲很和气，母亲很坚强。

农村的清晨一片寂静，早上五六点，母亲就会起床，做早餐，然后叫醒孩子。

当我揉着惺忪的双眼，看着操劳的母亲时，心里很好奇：妈妈都不用睡觉吗？每天这样起早贪黑，操持家务，给我们做早餐，她不累吗？特别是冬天的早晨，南方寒气逼人，母亲却依然早起，给我们做好早餐，送我们开开心心地去上学。她究竟有多强大？

很多人在没有成为母亲之前，都无法完全理解母亲的辛劳与付出，比如电视上报道说，一位妈妈为了自己的孩子，牺牲掉什么，省吃俭用多少，只为了给孩子买衣服和零食，或者一位妈妈坚持数十年为孩子做一件事情等，只能通过这些事去想象一位母亲的伟大。

但有些事，不能只靠想象，也需要感同身受，只有当你自己也是一位妈妈时，你才能真正理解母子关系是一种多么深的情分，以及家庭教育是多么重要。我自己很幸运，生在一个充满爱与温馨的家庭环境中，父母言传身教，让我懂得了爱，也获得了幸福。

我认为，家庭教育是所有教育的前提，无论一个孩子在学校待的时间有多长，其实这个孩子从他出生，到他走入学校，再到将来走入社会，融入人群去找到自己的定位，其实他的身上有太多家庭的影子。这种影响来自于母亲，也来自于父亲，但都绝对深远。

一个人长大之后，他的为人处世，他的择偶观念，都带有太多原生家庭的影子。所以家庭教育真得需要重视，不是说我们养了这个孩子，我们供这个孩子吃喝住，那就完了，不是的，这些都是人最基本、最简单的一个浅层次需求，更深层次家庭教育的需求是：你应该给孩子一个安全有爱的成长环境，让孩子觉得在他朝夕相处的一个家庭关系里自己是安全的，很有爱的，他能感受到快乐，他敢于去交流，敢于去沟通，敢于去寻求帮助。

所以，家庭教育一定是所有教育的一个基础，如果你没有成为妈妈，可能就很难去理解。

大学时看过心理学大师弗洛姆的《爱的艺术》，他在书中写道："母亲是我们的故乡，是大自然、大地和海洋。"在他看来，母爱是无比伟大的，是对孩子生活和需求做出的毫无保留的肯定。这种肯定不仅仅只是对孩子成长的负责任：保护和养育一个弱小的生命，还包括超出生命范畴的东西，那就是"要使孩子热爱生活，要使他感到活着是多么好！"

直到我成为两个孩子的妈妈，才真正理解弗洛姆那几句话的意思，也才真正体会到，作为一个母亲，有多么不容易，又有多么的光荣和充满使命感。孩子就像父母的掌上明珠，每位父母都愿意给孩子最好的，真的是含在嘴里怕化了，捧在手心怕摔了。

我的第一个孩子是在2010年的正月十一降生的，在孩子还没出生之前，我们全家人就为他准备好衣物、玩具、奶瓶以及各种用品，衣服选择纯棉的，奶瓶买质量最好的，勺子选择能测温的，育儿的书籍也是各种各样。孩子出生后，他的一举一动都牵扯着我敏感的神经，只要他吧唧着小嘴，哇哇大哭，就要给他喂奶。最初，孩子一个晚上要醒四五次，我就从来没有睡过一个安稳觉，如果他睡觉不安稳，稍微睁开眼睛，我会将他抱在怀里，轻轻地哄着；万一孩子感冒发烧拉肚子了，自己的心里就会七上八下，恨不得以身代替，为他承受病痛；孩子笑，自己就会跟着笑，孩子哭，自己就六神无主，孩子的每个纪念日都牢牢地记在心上……

孩子就是父母手心里的宝，再苦再累，也会把他放在第一位。这对身为人母之前大大咧咧的我来说，是想象不到的。我以前只会想象，等自己有了宝宝之后，肯定可以抱着可爱的宝宝，哼着摇篮曲，一起安然入眠。现实却是，孩子每晚都哭闹，哄到半夜都无法睡觉……

母亲对社会的贡献，最主要的就是孩子，除了自发的爱以外，母亲的教育自始至终都会影响每一个人。母亲尊老爱幼，孩子自然上行下效；母亲节俭有度，孩子就会拒绝奢华；母亲彬彬有礼，孩子自会谦虚低调；母亲冷静镇定，孩子便学会坚韧不拔；母亲善良有爱，孩子便懂得悲天悯人；母亲坚强，孩子在困难面前便不会怯懦。

我愿意成为标杆，为两个孩子树立好的榜样；我愿意用身上所有的爱与温暖，去陪伴两个孩子快乐成长；我也愿意用自己的生命，去保护两个孩子，让他们懂得爱的伟大。

↓钟华清心语↓

每一位母亲都在以各自的形象影响着自己的孩子，无论是家徒四壁，还是殷实富足，只要家里有一个善良、节俭、乐观的母亲，家庭就是充满爱和希望的。当然，家庭教育中，父爱也是不可或缺，尤其是对男孩子的教育，父爱缺席，性格中往往缺乏坚毅。

我的那些小确幸

我很确幸，自己没有缺席孩子的童年，每一个重要而幸福的时刻。

——钟华清

“妈妈，你再不陪我，我就要长大了。”

我在朋友圈里看到这句话时，心里生出了无限感慨，甚至有些心痛。这句话是一位妈妈发的，她整天忙于工作，经常去外地出差，陪伴孩子的时间少之又少。一次她从北京出差回家，推开门看到五岁的女儿正坐在地上玩积木，女儿可怜巴巴地望着她说了上面那句话。

她顿时泪崩，在朋友圈里写了一篇母爱泛滥的文章，各种感叹与辛酸。

我突然想起枭帆写的那本《妈妈，请在童年这样爱我》，看这本书的时候，我刚想要一个孩子，我想好好地陪伴他，给他创造一个快乐、有趣、温暖的童年。

枭帆在书中写道:“孩子在童年里，其实也就前三年最依赖妈妈，进了幼儿园，他有更多的机会和他人相处并能允许妈妈的偶尔缺席。小小的人儿，我们以为他们什么都不懂，但是，童年的一切，都给他们烙下了深刻的、难以磨灭的痕迹……”

我很确幸，自己没有缺席孩子的童年，每一个重要而幸福的时刻。

大儿子出生在农历正月十一，春节的欢快还未散尽，天气还很寒冷，全家人的心却是暖暖的。那时，我二十七岁，还在银行上班，所以只能一边工作，一边养育这个小宝贝。

这个小宝贝是在全家人的期待和盼望中出生的，我也觉得他降临得刚刚好——就在我想要一个孩子的时候，他到来了。虽然当时的我，没有任何经验，也没有现在这么的淡定从容，但是我觉得这个孩子的到来，让我觉得我的人生多了一份厚重感。

我从“一人吃饱，全家不饿”的阶段到现在，明白了听到孩子的第一声啼哭，那种无法言表的喜悦;明白了孩子需要母乳时，给予他的那种成就感;孩子从不会走、不会爬，在自己的陪伴下，慢慢会爬、会走，那种生命的成长，带给自己的震撼。同时，我也很庆幸，在孩子们的成长重要时刻，我都没有缺席，没有错过。

我想每位家长都希望能够时常陪伴孩子，见证孩子的成长足迹。然而，很多家长是上班族、创业者，做着早出晚归的工作，很难兼顾到孩子。其实，只要我们可以合理利用时间，多多与孩子相处，便不会错过孩子的成长点滴。

有一次，肖老师拉着我一起看一档亲子类节目，里面的女嘉宾给我留下了深刻印象。

她也是一位事业型妈妈，每天都有忙不完的工作，经常需要去外地出差。不过，每次出差前，她都会给孩子写好信，在每封信上写好日期，孩子每天都会收到不同内容的信。

这些信中，除了有日常的关怀与叮嘱，还有她精心设计出的“藏宝游戏”，还有任务设置和连环锦囊，让孩子每一次读信都变成一次有趣的亲子互动。

信的形式也是多种多样，有写在便签上的几句话，有录音笔的记录，还有图画形式、拼音文字结合等。三年的时间，她给孩子写了上千封信，每一封信都充盈着母爱。

我很欣赏这位妈妈的做法，她在出差无法陪伴孩子时，仍旧能绞尽脑汁给孩子写信，用文字、游戏、语音等形式给孩子好玩又放松的陪伴。虽然她无法每天陪在孩子身边，但是她与孩子的亲子关系一点也没有打折，反而越来越亲近。

初为人母之时，我也遇到过很多纠结的事情。儿子四个月的时候，我就要去银行上班，而且我还是在基层银行工作，离家很远。家里人建议我，如果我去上班，就把儿子放在老家，让婆婆来带，这样可以少辛苦一些。但是，我不舍得，所以我必须每天早上七点自己开车到离县城四十公里远的一个基层单位去上班，晚上下班再开车回家。

有时候下班之后会开会到很晚，婆婆每次都说：“你开会到那么晚，可以不用那么辛苦地来回跑，孩子我会带好。”

但是，我会很纠结，觉得孩子必须要我自己带，每天晚上必须要抱着孩子才能入睡。所以，每天晚上不管多晚，我都会回家，抱着孩子睡一觉，第二天又一大早再去上班。虽然那段时间奔波了一些，但是，我心里很开心，第二天的精神状态也会很好。

后来，儿子上了幼儿园了，我也开始做易灸灸。

我还清晰地记得，儿子第一天入园的情形。小家伙用新奇又稍显怯懦的眼神看着周围的一切，紧紧握着我的手，又忍不住被周围的小朋友、五颜六色的园内设备吸引。

原本，我还担心他会哭闹不止，可是他只是在我离开的时候对我撇了撇嘴，随后便开心地融入了幼儿园这个大家庭。反倒是我，因为他那一个可怜的小眼神，以及突然离开我身边的空虚，难过了许久。这么相比，反倒是孩子比我更坚强了一些。

孩子入园之后，我的事业也开始忙碌起来，但是这并不影响我陪伴孩子。

现在，我是两个孩子的妈妈，跟这两个孩子一起成长，很开心，我在这份亲子关系里面找到了一个平衡点。我是他们的长辈，但我也是他们的朋友。我愿意去跟他们一起承担他们的喜怒哀乐，当他们有困难，我会帮助他们一起去克服困难，当他们调皮捣蛋，我也会去批评他们。两个孩子跟着我的事业一起成长，家庭与事业就像我的左右手。我非常庆幸，自己并没有错过两个孩子成长的重要时刻！

↓钟华清心语↓

我很庆幸自己，没有错过两个孩子成长的重要时刻！两个孩子跟着我的事业一起成长，家庭与事业就像我的左右手。

“妈妈，你是女超人吧？”

把一个弱小的生命交托于我，我就会毫不犹豫地担起这个艰难的使命，扮演好母亲的角色，让自己变得更加刚强、更加坚韧，直到自己的生命终结的那一刻。

——钟华清

自从生了小女儿诗诗之后，我的“演技”变得越来越精湛了。

以前在儿子面前“扮弱”，希望他变成小男子汉，能够照顾身边的人，能够从小理解女人柔弱的一面。而现在，我又必须在小女儿面前“装强”，让她看到女性独立自主的一面……

其实，我也算是本色出演了，因为相比于别人的妈妈，我的确要强势很多。

无论工作还是生活，我都有要强的一面，有时我会故意在小诗诗面前表现得独立和刚强。我认为，女人固然有柔弱的一面，但是作为母亲，却必须学会刚强。

曾经我也是一个柔弱的女孩，怀了孕，生了孩子，在看到孩子的第一眼之后，我就变成了坚强的母亲。在没有孩子之前，我可能被父母、丈夫宠着、惯着，不懂世事艰难。但当我有了孩子之后，当命运把一个弱小的生命交托于我，我就会毫不犹豫地担起这个艰难的使命，扮演好母亲的角色，让自己变得更加刚强、更加坚韧，直到自己的生命终结的那一刻。

每天，我都有处理不完的事情，有时会熬到后半夜，但还是会坚持早起，像我的妈妈一样，为孩子们准备早餐。孩子用完早餐之后，我会开车送孩子去上学。

记得有一次，我熬夜处理工作上的突发状况，第二天早上晚起了半小时。我匆忙做好早餐，去送孩子上学时，时间已经非常紧迫了。为了能赶上校车，我居然单手抱着三十几斤的女儿，还能健步如飞。送完孩子上学，开启一天的工作。

那天下午，我去接女儿放学回家时，女儿突然问我："妈妈，你是女超人吗？"

我微笑着，眼神坚定地告诉女儿："对，妈妈就是女超人，什么事情都能做好！"

在孩子面前，妈妈的形象一般都是温柔的、体贴的、善解人意的。但是我在孩子们面前，也会表现出刚强的自己。尤其是在女儿的面前，我一直都是展现着坚韧、美好的一面，更多的是去展示一个女性的美丽、独立。因为我知道，在女儿眼中，妈妈真的就是一位"女超人"。

小时候，我也同样信赖我的母亲。每次生病，母亲总会去山上摘取新鲜的车前草，熬成汤药给我喝。我不喜欢那种苦味，母亲就说："我已经把它变成甜的了，不信你尝一口！"我试探性地喝了一小口，果然汤药的苦味变淡了很多，并且多了一丝甜味。

上初中时，我开始长身体，母亲为了让我跟上营养，经常会去河沟里捕鱼。哪怕在寒冷的冬天，空中还飘着雪花，母亲依然光着脚丫，在冰冷的河沟里捕鱼，而且每次都没有落空，总能让我们吃上新鲜美味的河鱼。

那时候，我只觉得，母亲好厉害啊，可以把苦药变甜，可以不怕河水刺骨的冰冷。

长大了才知道，母亲并不是超人，她只是在汤药里加了冰糖，她只是强忍着风湿病痛为我们下河捕鱼。她之所以像女超人一样坚强，只是为了让自己的孩子健康成长，在这个世界里能够站稳脚跟，长成参天大树。如今，我也对自己的孩子给予同样的希望。

每天，我会化着美美的妆，涂着很精致的口红，戴着很精美的项链和耳环，踩着高跟鞋；我会侃侃而谈，有条不紊；我会雷厉风行，果断勇敢。

我女儿一直以来对我的印象，就是妈妈很棒，妈妈很漂亮，妈妈口才很好，妈妈赚钱很厉害。她们班的那些小朋友也会说，我很喜欢诗诗的妈妈，因为诗诗的妈妈很漂亮。

这样的评价，可以在女儿心中埋下一颗种子，让她认为，作为一个女人，就应该像妈妈一样，精致、独立。在一定程度上，这样也是刻意去给孩子塑造榜样形象的方法。

我见过一些家长，总想把最好的爱留给孩子，对于孩子的所有要求都去尽量满足，而忽略了教会孩子独立生存的技巧。我并不赞同这样的教子理念。我格外注重培养孩子的独立自主能力，我想对于孩子来说，授之以鱼不如授之以渔，能够让孩子拥有独立的生存技能，自主的内省思维，才是父母留给孩子最好的关爱。

在女儿面前，我是“女超人”的形象，不过我不会盲目地满足她的所有需求。相反，只要有机会，我都会留给她独立的空间，给她独立做决定的机会，让她渐渐养成独立自主的个性。

如今，小诗诗的思维活跃，逻辑缜密，俨然是生活中的小大人。我会有意无意传达一种信念给她，那就是“妈妈是漂亮的，是坚强的，我也要成为妈妈这样坚强的女人”。

她有一个梦想，就是成为一名女飞行员，带着她爱的家人和小伙伴，一起去太空旅行。我希望她有一天能够实现自己的梦想。

我一直希望，我独立、刚强的品质，可以传承给我的孩子，并且对他们的成长带来益处。我并不想要成为女超人，但是我可以做到女超人能做到的一切。我并不希望孩子以后过于辛苦，但是希望孩子有耐受辛苦的能力，可以做到独立，学会坚强。

↓钟华清心语↓

母亲对孩子的影响是巨大的，尤其是对女儿。有研究证明，超过半数的女孩子认为母亲就是自己的启蒙楷模，母亲的行为和素养，都深深地印在了自己的脑海里，影响着自己的个性。当孩子开始形成自己个性时，就会去找一个榜样，而这个榜样，一般都是自己的母亲。

我们一起生活在幼儿园这座城堡里

童心未泯的妈妈，往往可以走进孩子的内心深处。

——钟华清

一天早晨，送孩子上学的路上，两个孩子打打闹闹、说说笑笑，十分开心。忽然，小斯妹转头对我说:“我想拥有巴啦啦小魔仙的魔法棒，这样就可以把妈妈变小，变成和我一样的小朋友，跟我一起去上学、玩耍，一起生活在幼儿园这座城堡里……”

听着孩子富有童心的话语，我高兴极了，好像周围的世界都变成了五颜六色。我自己也恍然回到了小时候。在我年幼之时，也曾这么天真烂漫，这么无忧无虑，这么童心四溢。

只是，随着时光流逝，我也和所有人一样，从孩童变成了成熟的大人，成为母亲，有了富有童心的下一代。很多时候，我们认为无论是说话、做事，都不能再像小孩子一样，要成熟、要稳重、要优雅、要自信。而在孩子们的眼中，他们关注的、在意的，并不是这些。在他们的眼中，妈妈也可以是有趣的，也可以富有童心。

我看过一篇文章，写的是孩子最不满妈妈的十个方面。其中有一点，就是妈妈不再富有童心，变得现实而无趣。孩子心目中最无趣的妈妈，就是当自己唤妈妈来看搬家的蚂蚁军团，妈妈却瞄一眼，就很淡漠地说："你怎么老关注这种没意思的东西？你的钢琴弹了没有？"

这样的话，会让孩子原本旺盛的兴致，瞬间被消失。无论情绪上、心理上，都会受到不良影响。其实，孩子是独立的个体，我们在爱护孩子的同时，也要尊重孩子、尊重他的乐趣、尊重他的天真、尊重他的童心。

我们也可以像孩子一样，去倾听孩子的心声。他爱做什么，就让他去做，任他自由发展，而不提早催促成熟，甚至可以陪他一起，共同遨游于那天真烂漫的世界。

一位畅销书作家曾说："孩子给了我又一次体验童心的机会。"她号召妈妈们，可以蹲下身来，恢复孩子的本能，以孩子的视角看世界。从孩子的视角看过去，这世界会有更美妙的细节，这是我们成年人无法体会到的。

我经常看到一些妈妈，与几岁的儿女一起穿卡通套头衫，伏在草丛里捉蚱蜢，或者为风筝的缠绕大呼小叫。看到这些，我不会嘲笑这些妈妈幼稚，反而十分欣赏，因为，这都是童心未泯的表现。而在这样的妈妈陪伴之下的孩子们，都笑得格外灿烂，玩得尤其开心。

童心未泯的妈妈，往往可以走进孩子的内心深处。

当你陪着孩子趴在草丛里抓蛐蛐，玩累了以后，孩子可能会带你去一个他的秘密花园，一个只有他自己，或者和几个贴心的小伙伴知道的地方。孩子们会常常来这里互诉烦恼，互讲心事。而这些心事，往往是孩子们，从来不肯对妈妈说的话。孩子能把妈妈带到这里，能对妈妈敞开心扉，就表明他已将妈妈视作最贴心的伙伴。就像是芝麻开门一样，当妈妈恢复童心，与孩子在一起尽兴玩耍时，就有了打开孩子心扉的咒语。

两个孩子都是三岁进幼儿园，经常带回来手工制作的作品和画作，我会标上具体年月日替孩子们一一保存起来。家里有一个大箱子，保存着孩子们各种各样的宝贝，这是孩子们的百宝箱，孩子们时不时会从中亮出来一些“法宝”，带给全家欢声笑语。

可能，在很多人的眼中，母亲是一个刻板的形象，为孩子们遮风挡雨，为孩子们操劳一切。在孩子们心中的形象，也应该是体贴的，靠谱的。但是与孩子们的距离，却没有那么亲近。我们经常会听到一句话，就是三年一代沟，母亲与孩子隔着代，自然有代沟，而孩子们还小，这道鸿沟，只能靠我们做母亲的来跨越。

我十分庆幸，我跨越了这道鸿沟，我还可以和孩子们一起“混”，一起犯傻，一起做他们喜欢，我也乐于参与的事情。这样，和孩子们在一起，才会有很多共同语言，与孩子成为无话不谈的“好姐妹”“好哥们”。

我认为一位合格的母亲应该是这样的：

当孩子们遇到困难时，能够以长辈的身份，教育孩子，帮助孩子；当与孩子相处的时候，可以保有童心；在孩子们遇到困难、犯错时，会带领他们克服困难，耐心地跟他们讲道理；但是，在

人可以享受舒适，
但是不要沉溺和贪图，
不要为此放弃人生追求；
可以习惯一种状态，
但是不要害怕改变，
不要因为安稳而放弃努力。

人若想有所作为，不要惧怕压力，就算没有压力，

也请尝试去挑战一下不可能，把不可能变为可能就是一种奇迹。

与孩子相处的时候，又会放下自己的身段，让孩子感受到，妈妈有厉害的地方，妈妈也有不会的地方，也和他们一样，是需要慢慢长大的“小朋友”。

蓦然回首，我还是那个天真烂漫的孩子，和我的孩子一起生活在童趣的城堡里。

↓钟华清心语↓

小时候，常常想要快快长大，可是长大后才发现，小时候的自己才是最幸福，最无忧无虑的。长大后的我们，再也回不去小时候了，但是我们可以保持那份永不变老的童心。我为自己而骄傲，我的孩子也会为童心未泯的妈妈而开心。

Chapter 5

第五章

想要商海驰骋，先学会人海掌舵

商场如同战场，没有硝烟却危机四伏，没有炮火却暗箭难防。如果想要在商海驰骋，先要学会人海掌舵。无论对员工，对代理商，还是平分天下的竞争对手，都要寻找适合的相处之道。作为女性创业者，难免会遇到偏见以及困难，但是我愿意一路披荆斩棘，带着我的易灸灸，我的华清创业帮，我的艾与爱，在无尽的商海自由驰骋。

创业就是和小伙伴一起彼此成就

因为有缘，大家聚在一起；因为相同的目标，大家共同努力。

——钟华清

易灸灸团队能够创造今天的辉煌业绩，离不开创业小伙伴的共同努力。我觉得要组建一个创业团队，真心不容易，要把团队管理好，更不容易，甚至可以用呕心沥血来形容。因此，对于团队中的每一位小伙伴，我都非常珍惜，也非常尊重。

团队成员有的和我一样，原本拥有自己的工作，从事于各行各业；有的享受着闲适的家庭生活，生活简单而且惬意；有的日夜颠倒，光鲜亮丽而且高薪；有的丰富多彩而且充实；有的一成不变而且枯燥；有的勤奋努力却鲜有收获……创业就是和小伙伴一起彼此成就。因为有缘，大家聚在一起；因为相同的目标，大家共同努力。

一直以前，我都秉承“用人不疑，疑人不用”的原则，当你用一个人在其岗位上的时候，作为老板，除了放权、尊重、扶持之外，你要做的就是最大程度地去信任。所以森舟茶叶公司有五六年的老员工，他们获得了公司的信任，也很信任公司。

如果一个公司仅仅以其工资，或者福利、薪资等等，来吸引员工的话，我认为是短视的，但是一个企业如果能够给员工足够大的信任感，就能让员工死心塌地，彼此成就。

公司与员工之间的信任，也是一个良性循环的过程。如果老板的行为值得员工依赖，员工就更加信任老板，从而鼓舞自己在工作中投入更大的热情，获得更好的业绩。同时，员工的良好表现，又会增进老板对员工的信任，所以这是一个相互促进的良性循环。

除了给员工信任感，还要给员工家庭般的归属感，让员工感觉自己在公司里工作，就像在自己的家里一样，身边的同事就像家人一样。如果你有读过马斯洛的“需要层次理论”就会知道，一个人如果没有了爱和归属感，所谓自我实现就无从谈起。

简单来说，归属感就是个人对集体或组织有“家”的成员感，愿意为其付出并产生荣誉感。有归属感的员工，愿意来公司，愿意付出。前段时间，我陪肖老师去参观了一家企业。肖老师告诉我：“这家企业的老板人很好，乐善好施，社会形象很好，人缘也好，员工都很喜欢他……”

我心里在想：“这么好的企业家，他是如何管理员工的呢？”

刚走进那家企业，我就注意到一个细节——整个露天停车场有几十辆轿车和几百辆电瓶车，每一辆车都有自己的“车棚”，避免被阳光暴晒。仅仅这个细节，就让我深刻感受到这家企业对员工的人文关怀。其实，给员工归属感不需要做太多，只要做好日常工作和生活中的点滴，就能给员工“家”的归属感。

最后是企业文化，它是一家企业能否长期经营并且留住员工最重要的一点。

企业文化到底有多重要，或许只有经历过不同类型的企业，才能真正体会到好的企业文化对于员工的重要性。一名优秀的人才，在选择企业之时，除了注重薪资、福利、发展等，最该注重的还是企业文化。在《谷歌是如何运营的》一书中，掌门人埃里克重点描述了谷歌的企业文化并强调“好的企业文化吸引创意精英”。

这些年，谷歌一直都是企业文化的代名词，它的免费美餐、员工的资金、旅行与派对、高层主管的公开展示、友好的工作环境等等。无论员工的薪酬、津贴，还是发展前景，都是行业内的标杆。这就是企业文化的吸引力。

当然，我从来没有把自己当成老板，而是创业者。从职位、分工上来看，我是他们的领导、管理者，但是我一直认为，管理者和员工之间，不应该有身份尊卑、地位高低之分。

在工作中，我是领导，他们是员工，员工听从我的指挥和安排；但在生活中，他们是我的朋友，我们可以拉近彼此心的距离，这样不至于让员工有压力感。

如果员工有了压力感，他们每次见到我总会有种莫名的畏惧，不能表达自己真实的想法，也不敢提出中肯的意见，这会对我们的工作开展造成很大的阻碍。

有人说，我是一个亲和力很强的管理者，我很喜欢这样的评价。

也有人说，管理者不应该具有太多亲和力，因为亲和会造成公司的倒退，不利于公司制度的执行，并且说得头头是道，甚至很有“道理”。

因为对员工过于亲和，会造成员工没大没小，挑战领导权威，蔑视领导权力。

如果你是公司的管理者，是否会认同这样的观点呢？

我只知道，在我的企业管理中，每一个员工都可以把自己当成“老板”，因为这份事业，不仅仅是老板自己的事业，更是所有员工共同的梦想。经营这样的事业，并不仅仅要把产品做好，把生意做好，就能把事业经营好。在发展事业的同时，让每个员工得到应有的成就感，获得认同感，这才是我创业的最终目的，也是我创业的初衷，我经营的思路。我在实践中发现，这思路可行，既能充分调动员工积极性，还便于企业管理，可以为员工和企业创造更大价值。

无论是管理方式，还是相处之道，都是为了给小伙伴们充分的信任，让小伙伴们感觉到自己的重要。在我看来，给小伙伴们充分的信任感，让伙伴们有归属感，是我一直坚持的信念，也是我们互相扶持的根本。

创业最大的成就，就是和小伙伴一起创造辉煌，一起迎着朝阳前进，奔向更美好的明天。我相信，我和我的小伙伴，一直都走在这条路上，也会一直这样彼此成就，彼此相伴下去。

↓钟华清心语↓

当管理整个团队时，一个管理者首要考虑的就是如何让大家更好，而不是只顾自己。管理团队时管理者要有韧性，刚予并济，不那么咄咄逼人，不那么霸道，懂得以柔克刚。

共享时代的法则：大舍大得

未来是共享时代，你能为别人提供多少，你才能获得多少。

——钟华清

创业是团队作战，需要有指挥官、军师，也需要有前线的战士。

创业之初，一定要找到适合的合作伙伴，彼此拥有同样的价值观，可以不计成本、不计回报地和我们一起面对眼前的波涛汹涌、变幻莫测的商海。或是加以指点，或是默默陪伴，或是赴汤蹈火，我们彼此拉着手，互相牵引着向前跑，也能互相给对方力量。

一个好的合作伙伴，会让你如虎添翼。有人说，哪怕是赤手空拳的肉搏，人多的一方也会占优势吧！虽然，现代社会已经不流行人多力量大这一说法，但是创业过程中，有一群志同道合的人，支持你，鼓励你，一路共担风雨，共同前行，确实是一件幸运的事情。

这是一个合作共赢的时代。现在是共享经济时代，你能为别人提供多少，你才能获得多少。

华清创业帮，是陪我一路走来的合作伙伴阵营。虽然，人们都称我为“华清创业帮帮主”，但我并不认为我是他们的老板，我认为他们是我一路走来的合作伙伴。他们都有梦想、有想法、有行动、有毅力。我们在一起可以互相鼓励、互相扶持、共同朝着梦想奔跑。

华清创业帮中，90%以上都是女性，女性之间的相处，十分微妙。作为合作伙伴，当然会有意见不合的时候。或许，在某个问题上我们会各执己见；或许，在某个方案上会各不相让；或许，在某个想法上会各执一词……但我们从没有不可调节的争执。这不仅仅是因为性格上的互补，让我们一直很有默契，更多是因为，我们懂得沟通，懂得分享。

创业公司想要不被别人打败，首先要做到的，是获得合作伙伴的信任，不被合作伙伴猜忌。

古人说：“独乐乐不如众乐乐。”古人的智慧确实博大精深，几千年过去，依然让后人受益匪浅，而要做到这一点，最重要的一点，就是学会分享、学会大舍大得。

佛教教义里有云：“舍得”者，实无所舍，亦无所得，是谓“舍得”。

很多时候，做事情都是要学会“舍得哲学”。正所谓“舍得，舍得，有舍才有得！小舍小得，大舍大得，不舍不得，越舍越得”，当你付出很大代价的时候，同样你也会得到更重要的东西；以希望别人如何待我之心，去对待别人，当你舍得为别人付出的时候，你也会得到别人的回报，当团队中每个人都愿意舍以小我，必然，会共同得到大成就。

共享时代的法则，也是舍得哲学——你舍得分享自己的经验与资源，就必然可以得到更多的经验与资源；你舍得放下一些东西，才能拿起来更多的东西。

华清创业帮刚成立的时候，我对每一位代理伙伴的加入都会展开双臂去欢迎，内心非常感谢他们对我的信任，同时我也不太能接受代理伙伴的离开。

我天真地以为，每一位创业伙伴选择加入，就永远不会离开，但事实证明我想错了。哪怕是世界五百强企业，也会有老员工的离开，新员工的入职。创业伙伴会离开，就像人体的新陈代谢，只有这样才能保持健康的发展。

在经历过一些代理伙伴的离开之后，我变得更加坦然了，也更懂得去放手，去成全。

我觉得，这也是一种“舍得”，舍得放手，所以才有机会接纳更多、更优秀的人才。

“舍得”既是一种生活的哲学，更是一种为人处世的艺术。华清创业邦的小伙伴们，都深深懂得“舍得”这两个字的精髓，从来不吝啬自己的付出，各种干货，都乐于分享。

华清创业帮会不定期地举行或者参加不同规模的活动。我们更愿意进行稍小规模的高质量聚会，分享干货，互相学习，共同进步。每个人都畅所欲言，分享创意与心得。每次大家都会受益匪浅，更是有不少新的项目，现场确定创业方案，找到了适合自己的创业伙伴，甚至合作渠道等。

在合作共赢的时代，商场流行一句话，强大源于合作与分享。每个公司在自身发展的同时，也会与其他公司进行战略合作，共同为消费者提供最出色的产品与服务。我认为，人真正的成功，不仅仅是自己站在成功的舞台上，而是帮助他人获得人生的成功。而分享才是互利双方、可持发展的模式。更多去想自己能为别人提供多少，我们才能获得相应的回报。

舍得，是一种精神；舍得，是一种领悟；舍得，更是一种智慧、一种人生的境界。

↓钟华清心语↓

人生就是不断舍弃，不断得到的过程。舍与得就如水与火、天与地一样，是既对立又统一的矛盾体，万事万物均在舍得之中。当你真正懂得“不舍不得，小舍小得，大舍大得”这个朴素的道理之后，就不会因为失去而痛苦，不会因为别人的离开而难过了。

赚钱，赚的不仅仅是钱

我们赚钱，赚的不仅仅是钱，还有信誉与口碑。

——钟华清

在每个行业里，都有携手同行、互相扶持的创业伙伴，也有“同室操戈”的竞争对手。

微型电商虽然是新近发展起来的行业，但是同样不乏竞争对手。这是很正常的商业现象，每个行业都是如此，小到某些微型行业，大到一些世界百强企业，都存在着竞争关系。良性的竞争，产生共赢；恶性的竞争，却只会扰乱市场。

我经常会在朋友圈里看到一些行业巨头恶意诋毁自己的竞争对手，说那些与自己相似的产品是“禁品”。我不理解，这些人为什么要通过贬低别人来抬高自己？我认为，一家企业能够真正成为一个行业的翘楚，真正能够在行业内能成为老大，一定是自己足够强大，而不是通过去踩低别人来成就自己，这样就算取得成绩，也是短暂的。因为现在的市场非常透明，观众的眼睛也是雪亮的，所以最重要的还是以一个客观公正的态度去对待你的竞争对手。

如果竞争对手有好的东西，就吸纳、接收；如果有不好的东西，就摒弃糟粕，取其精华，只有这样才能让自己变得更好。

无论何时都要记住一句话：我们赚钱，赚的不仅仅是钱，还有信誉与口碑。

人的一生中会遇到许多竞争对手，有的是你的敌人，有的是你的朋友。

成功者知道如何与身边的人良性竞争，他们会把朋友当作对手，也会把对手当作朋友。

现代社会，每个人都拥有同样的机遇，你身边的朋友也有可能变成你的竞争者。面对这种情况，你既要保证彼此的情谊不受到影响，又不能失去进步的机会。

在恶性竞争中，你的眼睛将变成凹凸镜，不仅扭曲了对手，也扭曲了自己。如果与朋友进行恶性竞争，不仅会失去友谊，也无法获得成功。而在良性竞争中，即使朋友变成了对手，也能够在竞争中看到自身的不足，同时也看到自己的“人无我有”之处。

恶性竞争的事件，让我印象十分深刻的就是2010年的“3Q大战”，两家公司各分阵营，都有各自深受用户欢迎的产品，可两家公司选择开展恶性竞争，将选择的难题抛给了用户，二者只能选其一，一时间网络沸腾，成为焦点。最为难的就是用户，要从两种自己喜爱的产品中舍弃一个，总感觉自己被逼迫了。好在3Q大战没有持续多长时间，两家公司便及时纠正了这种恶性竞争的行为，让一切重回正轨，“民怨”才慢慢平复。

我们十分熟悉的可口可乐和百事可乐，也是几十年的老对手。曾经，有可口可乐员工窃取了公司绝密配方，意欲高价出售给百事可乐，遭到百事可乐的断然决绝，并及时通知可口可乐公司，可口可乐公司因此公开感谢百事可乐。这无疑增加了两家公司在业界的口碑及信誉度，这种杜绝恶性竞争的行为也在业界成为美谈。

我们都知道，微软和苹果两大公司曾经是竞争对手，为了争夺个人计算机领域的市场而展开过激烈的竞争。从20世纪80年代到90年代，微软逐渐在竞争中占领了优势地位，而苹果公司则举步维艰。

当所有人都以为微软会一举将苹果“歼灭”，事情却出现了转机。在苹果公司即将倒闭之时，微软居然伸出了援助之手。比尔·盖茨主动向苹果公司投资1.5亿美元，将苹果从倒闭边缘拉了回来。之后，微软又为苹果公司推出Office 2001。从此，两家公司真正实现了双赢，彼此的合作关系也进入了下一个新时代。

有人说，商场如战场，只要你确定了目标，就挥舞着武器冲进去。面对竞争对手，要毫不留情地冲锋陷阵，才能战绩满满，硕果累累。也有人说，物竞天择，适者生存，弱肉强食是自然法则。或许这些都有一定道理。

但是我认为，对手之间，不一定就只有竞争。竞争中与人产生摩擦是很正常的事情，但是在摩擦中最好不要一味地硬碰硬，最后搞得两败俱伤，而应该学会宽容，用心去包容你的对手。这样，对手便会在你的宽容之下投降，成为你的朋友，甚至是合作伙伴。

无论在竞争关系，还是合作关系中，一方取得了胜利，就意味着另一方的失败。这种非黑即白的策略并不完全适合现今的商业社会，因为你的胜利必定会让对方陷入失败，同时也让自己陷入危机中。所以，竞争的最好结果就是双赢。

人与人之间，最大的吸引力，不是你的容颜，不是你的财富，更不是你的才华。而是，你传递给对方的那份温暖、踏实，传递给对方的那份正能量。

每个产品都有自身的优势，每个人都有独特的魅力，每个企业都有相对的竞争力。每个人都各有长短，取长补短才能发展，才是硬道理。

因此，我们应该要多花时间，去了解竞争对手的实力，充分倾听对手所能、所需，而不是单单索取、争抢，可以寻找与竞争对手中的合作渠道，从而实现共赢。

↓钟华清心语↓

多花时间去了解对方、倾听对方，而不是索取！那么，结果会截然不同！人与人之间，我觉得最大的吸引力，不是你的容颜，不是你的财富，更不是你的才华。而是，你传递给对方的那份温暖、踏实，传递给对方的那份正能量。肯在对方落难时为别人打伞，才是一种非凡魄力。人生在世，并不全是竞争和利益，更多的是共赢。

坦然面对性别偏见

尊重是互相认可的过程，总要先经历一些事，看清对方的能力、秉性，再谈是否值得尊重。这个过程可能会比较长，急不来。

——钟华清

创业中遇到困难很正常，特别是女性创业，往往要比男性创业艰难得多。这其中不仅包含开展业务上的阻碍，经营管理上的问题，还有可能遭受性别偏见。

我们生活的现代社会，也讲究“男女有别”，这种性别上的认知差异会直接导致性别偏见的出现。尽管人类社会高举文明的火炬，大声疾呼“男女平等”，可是“男女不平等”的现象仍旧是一种现实——女性在生活、工作、社会福利等方面，都会遭受不同程度的偏见。

如果一个男人穿着暴露，会觉得稀松平常，如果一个女人穿着暴露，会被讽刺为作风问题；如果一个男人谈过多次恋爱，叫感情经验丰富，如果一个女人谈过多次恋爱，会被说成私生活不检点；如果一个男人挣得多，会被认为有能力，如果一个女人挣得多，会被说成太强势；如果一个男人八面玲珑，会被认为懂得接人待物，如果一个女人八面玲珑，会被说成有心计。甚至有不少职位都明确标明仅限男性，这都是不同形式的性别偏见。

在职场上，女人受到性别歧视，已经不是一朝一夕的事情了。此前，我在 Twitter 上看到一张热贴，一位名叫施奈德的男人直播了“自己与女同事交换邮件签名是一种怎样的体验”。他惊讶地发现，原来女同事在与客户交流时，遭遇着自己无法想象的恶劣待遇，已经不能用简单的偏见来形容了。

施奈德以前一直认为，自己比女同事工作效率高，是因为自己经验丰富。但是，当他使用女同事的签名和客户交流时，发现客户变得轻蔑、粗鲁，有时还会直接无视他的问题。他立刻告诉客户，自己是替女同事来接手这份工作的，客户马上又变得友好，而事实上，邮件的内容是没有更改过的，只是换了男性的签名。

接下来的两周，施奈德继续直播自己受到的性别偏见——“她”发出的每封邮件几乎都会受到质疑，原来很好相处的客户也变得居高临下，还有一位客户问“她”是否单身。

而女同事换了施奈德的签名后，迎来了事业上最神清气爽的两周。

施奈德说：“我现在很同情那位女同事，她必须通过额外的努力才能使客户信任和尊重她，而我自己作为男性，性别本身就提供了无形的优势，这个发现让我感到震惊……”

那位女同事却说："我早已习惯了，甚至会把这些需要做出的额外努力自然地看成工作的一部分。"

在创业上，可能很多人认为，这是男人的事情，女人，就应该更多在家相夫教子，不应该在社会上瞎折腾。那么面对这些性别偏见，女人应该怎么做呢？批判？反抗？拉起横幅去维护女权？性别偏见其实是社会上的普遍现象，一定程度上算是历史遗留问题，虽然随着社会的发展，已经有很大程度的好转，但我们短时间内无法完全纠正和消除这种现象。

那么，女人应该怎么做呢？我认为，唯一的方法就是坦然面对。女人要做的，就是通过自己的努力，向所有人证明，我可以做得很好，我是值得被尊重、被认可的。

在开始奋斗前，女人首先要刨除自己对自己的"偏见"。很多创业女性，自己本身就存有男尊女卑的偏见。而且，这种形式的偏见往往最不容易被自我察觉。一个女人，如果选择一份具有竞争性的事业，那么首先要自己消除性别偏见。如果你自己无时无刻都在提醒自己是个女人，不能做这个，不能做那个，那么又如何让别人不产生偏见。在一个理性的市场环境中，女人的过度自我保护，或者要求被尊重、被呵护的需求，都会被认为是软弱，让人产生偏见。首先在工作中不搞特殊，不要特例，是为自己赢得尊重的第一要务。

其次，要耐着得住性子。尊重是互相认可的过程，总要先经历一些事，看清对方的能力、秉性，再谈是否值得尊重。这个过程可能会比较长，急不来。

另外，尊重要赢得，而不是强求。虽然倡导男女平等，但并不意味着他人要毫无理由地在乎你的感受。尊重，从来不是向别人讨要来的，口头上的尊重不过是毫无用处的体面话，而真正的尊重，是由内而外，凭实力争取来得。与其抱怨别人修养不够，不尊重你，不如反思自己的能力是否值得别人尊重。如果想改变一个不尊重你的人，那么就得拿出实力，不畏惧、不气馁，做事认真，做人不卑不亢，相信尊重总会被自己争取而来。

最后，女人要提高自己的眼界与格局，不要总活在自己的小世界里。

这一点，我们应该像北欧一些国家的女人学习，她们的社会地位一般都比较高，因为她们基本都有自己的工作，经济相对比较独立，做事又有能力。所以，消除偏见的最好方法，就是让自己变得优秀起来。无论女人，还是男人，只有通过自己的努力，才能换来别人的尊重。

我也是这样一步一步走来，成为大家口中的“华清创业帮帮主”。

↓钟华清心语↓

职场并不会因为女方性别差异就怜香惜玉，很多女孩子听过太多王子拯救公主的故事，容易在心中产生一种“被拯救”的情结。事实上，当我们摔倒在地上时，不会有王子骑着白马来救你。我们能做的，是赶紧想办法爬起来。我从不等待人决定和拯救我的命运，也不因别人的否定而怀疑自己，因为能拯救我的，只有我自己。

有多少人认识你，比你认识多少人重要

生活的美好之处就是赠人玫瑰，手留余香。

——钟华清

新时代，拼的不仅仅是个人才能，还要拼人脉。

闽南名曲《爱拼才会赢》中唱道："三分天注定，七分靠打拼。"一个人的事业成功，也是三分靠自己的努力，七分靠自己的人脉圈子。如果追求成功的过程就像建筑一座金字塔，那么人脉圈子就是你的塔基。你想站得更高，看得更远，就要将塔基建得更加扎实，拓展巩固你的人脉资源，只有这样才能铸造你的人生高度。

创业过程中，人脉和交际圈是最重要的。可以说，没有人脉，就没有渠道，没有开展业务的可能。人是群居动物，人的成功，很大程度来自于他所处的人群，所在的交际圈。

还有一种更为直白的说法——人脉就是钱脉。

我常听一些想要自己创业又苦于没有门路的人说:“我没有人脉，也没有后台，如何能够开创一番事业呢?”其实，没有人生来就有广阔的人脉，每个人都是从零开始。

德勤董事会主席莎朗·艾伦说:“无论身在何处，你都可以在公司里扩展自己的人脉和交际圈。”我认为，这句话适用于任何场合。无论是任职于一家公司，还是自己创业，拓展人脉都是有路可寻的。

刚开始创业的时候，我也感觉自己人脉不足，但是随着慢慢地努力，我的交际圈越来越广，认识我的人越来越多，易灸灸这个品牌，也被越来越多的人熟知。

关于拓展人脉，给我最大感触的有两点:一是没有不能相处的人，只是还没找到与之相处的方式;有多少人认识你，比你认识多少人更重要。

我记得斯坦福大学研究中心曾发表过一份调查报告:一个人一生中所赚的钱有12.5%来自于自身掌握的知识，有87.5%来自于自己拥有的人脉圈子。

以前，我对人脉圈子的重要性认识不够，直到有一次和肖老师一起参加了国内商团组织的Man Keep主题大会，才让我对人脉圈子有了全新的理解和认识。

“Man Keep”是国外很流行的一个词，可以翻译成“人脉经营”，还有人根据发音将它说成“脉客”，也就是善于运用人脉、善于经营和管理人脉的人。

在那次Man Keep主题大会上，国内数千名“脉客”聚在一起探讨圈子的重要性，真正的“脉客”所经营的圈子都是“养兵千日，用兵一时”的。

一个优质的圈子能够同化圈子里的人，而一个优秀的人会带动整个圈子的发展与进步。个人能力通常是与圈子相辅相成的。无论再优秀的人，都不可能脱离圈子独立发展，就像人无法离开社会一样。面对竞争，你要做出最明智的选择，选择成为局内人，还是局外人。

其实，无论圈子具有怎样的定义，它对于人生的影响力都是无比巨大的。因此，创业中就要有意识地组建自己的人际圈子，与各个行业的人相互合作，实现双赢，而不是忽视圈子，孤军奋战。一个人的力量永远无法和团队的力量相提并论。

在拓展自己的人脉圈子时，相对于认识更多优秀的人才，不如让更多优秀的人才认识自己，认可自己。我很喜欢一句话，你若盛开，清风自来！这用在拓展人脉上，我觉得，展现给别人足够优秀的自己，自然会被别人认可，并且记得。

很多年轻人可能都认识网红 papi 酱，这个 85 后的女孩子，也算是自己创业的一个典型。短短两年的时间，她的微博粉丝量超过两千五百万。她的短视频广告甚至拍卖出超过两千万的天价，创造人类历史上单条广告最高价。而她将这 2200 万捐给了自己的母校，用于剧场建设。papi 酱的人脉不能说不广，她成立的 papitube 也招募到不少志同道合的小伙伴，这些小伙伴大多是自带网络流量的视频达人。但是相比她认识的人，自然是认识她的人更多。她逐渐成长为很多年轻人的偶像和榜样，很多人争相效仿。

我与 papi 酱之间的共同点就是，客户群都是网友，而不同的是，我需要开拓的人脉，不仅仅是网友，更多是合作方、渠道商等。所以，我现在需要做的事情，就是努力将自己和自己的产品推销出去，让更多的人认识自己，也认识易灸灸。

之前，别人认识钟华清，可能更多的源于我是肖森舟的太太。而现在，别人提到我的名字，我更希望他们记得的，是我的名字，是我的品牌名字，更是我正在从事并且为之努力的事业名字。

无论是之前在职场中，还是现在创业中，我都遇到过形形色色的人，有人浑身上下都散发着骄傲的气息，似乎高人一等；也有人话锋如刀，不会对别人的失误有任何包容。但是，他们绝不是一无是处，他们各有各的发光点。而我，可以看得到他们发光的地方在哪里，可以从发光点入手，寻找与之和谐相处的门路。同样，我也会让他们看到我的发光点，让他们记住我。这样，人脉圈子就在不知不觉间得到的拓展。

人生的奥妙之处在于与人相处，携手同行。生活的美好之处在于赠人玫瑰，手留余香。创业之路崎岖修远，拓展自己的人脉圈，则会让崎岖小路变成康庄大道！

↓钟华清心语↓

朋友多了路好走，而前期与朋友相处就像走迷宫，看似错综复杂，但只要是迷宫就一定有突破口，暂时没有解决的问题不代表永远解不开，慢慢摸索总能找到豁然开朗的出口。不要为了结交目的而去迎合别人，展现自己的闪光点，吸引他人主动约你，并且通过与优秀的人相交，从而让自己变得更优秀。

我的易灸灸，是有意愿的

> 那些能够准确把握消费者心理需求或是购买欲望的创业者，往往更容易成功。
>
> ——钟华清

在选择创业项目和产品时，要考虑它是什么，有什么，为什么。而我选择易灸灸，也是因为它是有意愿的。随着人们消费能力的提升，来自于市场的消费需求也在发生与时俱进的迭代。比如，从最初的衣食住行的刚性需求，到各种服务品质和感受的提升，再到让生命更有益，让生活更有质量的养生需求……

那些能够准确把握消费者心理需求或是购买欲望的创业者，往往更容易成功。

易灸灸是一款大健康养生产品，在现今社会中，健康产品的市场空间足够大。

这与现今社会现状有关，我们总是在年轻的时候选择牺牲健康来赚钱。在十年如一日的拼搏中，财富可能在慢慢积累，但是健康也在一点点透支，在四十几岁的时候，更多的人选择花钱来养生，来买健康。

而我，还有我的易灸灸的存在，就是想让健康的人更有钱，让有钱的人更健康！

让健康的人更有钱，让有钱的人更健康，这是我和我的易灸灸的宗旨。但是我不会因此去取悦我的顾客，我不会为了发展业务，去信口开河，口出妄言。我只会像朋友一样给予顾客合理的建议，让顾客选择适合自己的产品。这是我的原则，也是我对易灸灸员工的要求。

君子爱财，取之有道。我不允许我的员工或者代理为了多卖出去几贴产品，而说一些不切实际的话。这违背了我当初做易灸灸的本意，也违背了产品的意愿。

其实，这并不是任何一个做微商的人都能够做到的，很多人都是想拼命地推销自己的东西，不替顾客考虑，这样做生意的不会有大的发展前途。要想把自己的生意做大、做强，要有为顾客考虑的意念，站在顾客的立场去考虑，这才是一个生意人最聪明的做法。只有让客户的健康从易灸灸这里得到帮助，真正做到了让客户更健康，才能实现产品目标。两者一定要区分好，哪个是因，哪个是果。千万不能因果颠倒，本末倒置。

我认为，要做好一个产品，最重要的是要提升产品的质量，而质量好的产品一般都有很高的价格。这不仅仅是物有所值，还因为好的产品用起来会让你感觉到快乐与安心，而便宜的产品在使用的过程中，很可能会感觉到不安与纠结。什么是好产品，自然是用着好用的，这是很简单明了的道理。而如果贪图一时便宜，使用质量不保的产品，这就违背了我们使用产品的初衷。

自古以来，得民心者得天下，激烈的市场竞争中，同样适用这样的道理。能够契合消费者的消费心理，得到消费者的真心，就是王道，就是成功。而俘获消费者真心的，可以是一个企业真实为消费服务的文化，可以是温暖消费者心灵的那个具有魅力的人，当然更重要的是真正让消费者收获益处的产品。另外，也是最重要的，就是一颗为消费者设身处地考虑的真心，以真心去体会消费者的内心需求，才会对其消费需求把握得更加准确。也只有真心换真心的关系，才会更加稳固。

↓钟华清心语↓

要想把自己的生意做大、做强，要有为顾客考虑的理念，站在顾客的立场去考虑，这样的才是一个生意人最聪明的做法。做大一个产品要靠产品的质量。质量好的产品一般都有很高的价格。好的产品用起来会让你感觉到一直很快乐，而不是像便宜的产品，只在你购买的时候感到快乐。

塑造品牌、传递品质，这才是最有价值的事

企业品牌的知名度、美誉度是品牌塑造的核心内容。

——钟华清

企业品牌到底有多重要？每位创业者可能都思考过这个问题。

普通的雪糕卖一块钱，哈根达斯要几十元；夏利几万元一辆，宾利可以卖到几百万；地摊包包几十元一个，也没有影响到爱马仕、LV的销量……这就是企业品牌的魅力。

每个人都有自己的ID，你说的话、做的事，甚至是衣着打扮、出场形象，都带着自身的独特气质。一个人独一无二的辨识度，在一定程度上，就是自己的品牌。

同样，每个企业必须要有各自的品牌。无论是企业Logo，还是企业文化，甚至是宣传广告，都要区别其他竞争者，深入人心。这个过程，就是品牌塑造。消费者如果不知道产品有什么好

处，凭什么要买客户的产品？消费者永远拥有自主选择的权利。

冰冻三尺，非一日之寒。品牌塑造也是一个长期而系统的工程，要成功塑造品牌，不是一日之功，也不是一寸之功，更不是一嘴之功。

企业品牌的知名度、美誉度是品牌塑造的核心内容。

我认为，消费者对于企业产品的认识，一定是从这个企业的品牌开始的。所以，当人们在推荐易炙炙时就会说，易炙炙是什么。一定是先从是什么，再到为什么，然后有什么，为了什么，这样不断扩展认知，最后在每一个领域，每个区域推广开来。所以品牌效应就像光环效应一样。

美国心理学家凯利说过："如果一个人的某些品质，或者某个物品的某些特性被人们给予了非常好的评价，那么在这种评价的影响之下 ，人们会对于这个人、这个物品的其他品质或特性也会给予较好的评价。"这也可以说明品牌效应对于消费者的影响。

我见过一些企业，为了树立一个好的品牌形象，凭借雄厚的财力、物力，通过媒体报道、广告宣传、大规模的公益和赞助等渠道，循序渐进地进行品牌塑造，以此建立品牌优势，吸引、刺激消费者的需求冲动。不过，这种大规模的品牌营销，只适合大型企业。

作为发展中的中小企业，要进行品牌塑造的话，就不能效仿大型企业的品牌塑造方法。就像我们现在的企业，虽然没有雄厚的实力进行大规模宣传，但是可以充分利用网络传播途径，如微信、微博、论坛、贴吧等。另外，可以为企业制作宣传片。很多企业，尤其是中小企业自身的形象并不是很突出，在渠道和消费者中没有形成普遍认识和影响共识，这对企业的发展是十分不利的。拍摄企业宣传片，将自身的资源进行整合，提炼出一个统一的企业形象，可提升企业形象，让消费者充分了解企业与产品，提高品牌认知度。

万物成长，离不开光合作用，阳光、空气和水分。这是自然需求，也是规律。同样，企业要成功塑造品牌也需要光合作用，而这个“光合作用”就是：产品、传播、消费者。

成功的品牌，高品质的产品，都需要消费者作为支撑。

没有产品不需要消费者，产品是消费者的产品，市场是消费者的市场，品牌是消费者的品牌，消费者才是品牌传播的重中之重，消费者才是品牌历久弥新的源泉。

我想每个人都听过，消费者才是上帝，是品牌的衣食父母，善待消费者，即善待自己的品牌。因此，创业者以消费需求为出发点，才是塑造企业品牌的良好方式。

著名策划人王志纲在策划“碧桂园”方案时，跳出一般房地产概念，以消费者需求为基础，加大文化内涵，将传统住房上升到“全新的生活方式”，给客户一个五星级的家，响彻中国，成为中国人理想的生活方式之一。同时，创造了碧桂园的财富神话。

然而，要塑造一个强势品牌，最重要的并不是这些。塑造品牌的模式、方法只是一种基本功夫，是一件漂亮的外衣，看上去很美。真正要让一个有血有肉的品牌丰满起来，跃然而立，最重要还是要有足够征服大众的品质。

为什么爱马仕的包包那样昂贵，仍旧供不应求，受到上流社会的追捧？不是因为它不仅仅是一种奢侈品，更是一种文化，通过它能够看到社会的发展、时代的变迁，甚至文化的传承。

爱马仕讲究的是“匠心精神”，忠于传统手工艺，尊重过去、不浮夸。如果不了解爱马仕，就算你提着爱马仕的包包，也从来没有真正拥有过它！爱马仕产品身上的所有的光环，所有的魅力与荣耀，都是企业品牌的展现。

其实，要提高企业的知名度途径很多，企业的知名度的提升最主要的就是企业产品的质量和企业的信誉，这两者是一个企业必须具备是两个基本要素，也是最有价值的因素。

2017 年 6 月 15 日，易灸灸在上海索菲特酒店举行了声势浩大的新品发布会。我出席了那次盛典，与易灸灸的代言人、不老女神赵雅芝同台亮相。我还记得她身穿一袭粉红色的礼服，举手投足间散发着优雅迷人的气质。不老女神不仅是易灸灸的代言人，也是易灸灸的忠实消费者。她对记者讲述了自己使用易灸灸的心得。她说：“易灸灸突破了传统中医艾灸的局限，给消费者带来了轻便又健康的养生方式。”

这次新品发布会，也是在打造易灸灸的品牌形象，希望有更多人知道它，了解它。

每个创业者，都应该做一件人生当中最有价值的事情，通过商业的形式分享出来。

于我而言，传递品质，就是最有价值的事。

↓钟华清心语↓

在市场上，好的产品就是一切。好的产品才是品牌茁壮成长的根本，除此别无它途。

有爱，亦有艾

我会一直很坚定地带着大家一起把易灸灸做得更大更强，未来，现在，有爱亦有艾。

——钟华清

那天，我和一位代理商聊易灸灸未来的发展方向。

她无意间说了句："哎呀，时间过得真快，我加入易灸灸团队都四年啦！"

我有些惊愕："四年了？有这么久吗？"

确实，从易灸灸诞生到现在，已经走过四个年头了。

在这四年间，易灸灸经历了新生、发展、成熟；易灸灸团队也经历了萌芽、磨难、挫折、收获。现在，易灸灸创造了很好的口碑和成绩，我们的团队也获得了很好的成就与成长。

未来，我相信，我们的生活，有爱，亦有艾。

2014 年，互联网营销风生水起，大健康理念掀起潮流。在这样的时代背景下，易灸灸秉承“大道至简，美丽归真”的理念，应势而生。它率先开创简易养生产品的先河，用户主张为美丽应该由内而外保养，从而达到归真美感的核心目标。

易灸灸产品仅仅推出三个月，就在微商圈引起了轰动，迅速在全国发展 200 多名总代理，超过 5000 多个创业者经营售卖，积累近 30 万用户，仅微信圈的曝光率 1 天就过万条，引导了以本草养生养颜的主流文化现象。这些傲人的数据，我是之后才知晓的，当时做易灸灸的时候，并没有关注它的销售有多好，只是觉得它本身品质好，易于被消费者接受。

我在介绍和推广易灸灸产品时，会告诉消费者及代理商，易灸灸产品在养生基础上加入中医养生概念，将“灸学”和“穴位”综合，把复杂的中医药理应用在人体，结合现代社会用户小而美、简而精的产品需求精心打造，实现了“即贴即养”的快速调理。

那时，微信朋友圈正火，微商也才刚刚兴起。易灸灸在整个微商中，是第一家做艾灸贴的，刚推出来的时候，没有人知道艾灸贴，很多人只听说过艾草，但不知道艾灸贴是什么。可想而知，当时做推广也不容易，因为它完全是一个全新的产品。

我会努力地给消费者和代理商解释：“易灸灸既然叫艾灸贴，顾名思义里面主要为艾草成分，而艾草又分为了几个级别，易灸灸精选了七年的蕲艾，相对其他艾草，功效相对来说更好。拔湿拔寒，活血化瘀，都会发挥得更加淋漓尽致。在整个艾灸行业，甚至养生行业，都有一句话‘得蕲艾者得天下’。所以，不是所有艾灸贴都是熟灸，并不是所有的艾灸贴都叫易灸灸……”

2015 年 10 月，公司升华了产品理念，以全新的“雄起的精

让美好的将来，可期可遇。

灸灸
SIMPLE MOXIBUSTION
最安全的健康方式倡导者

气神”面对用户，以正风正气的形象回归市场。作为领先于业内的品牌，团队一直在努力成为行业的先行者，率先将艾灸贴与艾草精油结合。精油中含有诸多的开窍通络类药物成分，可以迅速打开穴位和毛孔，帮助热力渗透。随着易灸灸产品和理念的不断更新，市场得到了不断拓展。

易灸灸发展至今，已经是第四个年头。四年的市场沉淀，易灸灸的产品与团队，有了更多的口碑认证。曾荣获“百强微商团队”“影响力品牌”“中华美业十大中医养生品牌”等称号。这四年来，易灸灸久居该品类热销榜的前茅。

在微商发展的6年间，市面上出现了许多知名的微商大咖，他们凭借对微商的精准把控创造了许多业界神话。在易灸灸的新品发布会上，作为“好朋友”，肖老师也见证了易灸灸的成长和壮大！

易灸灸上市以来，我们没有大肆地去炒作，也没有太早请明星代言。这是因为，易灸灸是有效能的。现在，易灸灸用自己的效能，吸引来了与千年艾灸基因相匹配的优雅女神赵雅芝。赵雅芝作为不老女神，对于养生颇有研究与心得，易灸灸可以得到她的认可，更加证明易灸灸的功效。能够请到养生女神作为易灸灸产品的代言人，是从一个新的层面上，推广易灸灸的好处，让消费者对于我们的产品，产生更多的认同和共鸣。

易灸灸虽然是以微商的形式出现，但是易灸灸的推广渠道并不仅限于微信平台。美容院、医院、各大商场、药店，都是易灸灸的推广渠道。

四年的沉淀，四年的口碑认证，让易灸灸的渠道逐渐铺开，更加全面化、家庭化。我一直认为，我们的易灸灸，在未来的有一天，会像藿香正气水一样，成为居家必备。

如今，易灸灸的市场，不仅限于中国，像美国、日本、新加坡、加拿大、澳大利亚等国，都有易灸灸的消费者与代理商，易灸灸正走向国际化的发展趋势。

在易灸灸的推广上，家庭化、生活化、国际化，是我们一直坚持的方向与努力的目标；在团队的搭建与人才的培养上，易灸灸的团队不吝分享自己的经营干货，一批又一批的优秀人才层出不穷。我希望，让更多的的人，在易灸灸的帮助下，获得更多的健康，过上更美好、有爱亦有艾的生活；让更多人在易灸灸的团队中，用艾与热爱，在创业之路越飞越高。

↓钟华清心语↓

时间过得真快，不知不觉间，我和易灸灸已经结识四年了。这四年的时间，我得到的东西太多，成长得太快，有时候会有一种被牵着走的感觉，有时又觉得自己走得太慢了，需要再快一点。我相信自己的付出会有更好的回报，也相信团队成员能够实现自身的价值。未来，易灸灸会发展得更好，我和团队成员也会获得想要的成功与幸福。

Chapter 6

第六章

用热爱，为内心赋予鲜活能量

我热爱生活，热爱工作，热爱创业，哪怕创业路上总是狂风骤雨。既然自己选择了这份事业，选择了这款产品，选择了这群创业伙伴，就要为他们付出我的所有热爱。在艰难险阻面前，在疲惫的深夜里，在想要放弃的瞬间，支撑我继续走下去的，是最初的那颗心。我到底为什么而出发，我将走向怎样的结果，秉持初心，方得始终。

热爱，必须发自内心

发自内心的热爱，是最有能量和磁场的。

——钟华清

前段时间，“蜘蛛女侠”罗登萍徒手攀岩采药的视频火了，刷爆了朋友圈。

我看到后，惊讶地瞪大了双眼，忍不住赞叹道：“一位生活在贵州山区的苗族女人，居然会被英国 BBC 关注报道！她究竟是一个怎样的女人啊？”惊讶之余，我把那个视频分享给肖老师，并说：“你看看，中国女人到底有多厉害！”

肖老师看完后，回复了两个竖起大拇指的表情。

在贵州，当地的苗族人不佩戴绳索，不用网子，徒手攀岩采药，已有几个世纪的历史。罗登萍是当地唯一的“女蜘蛛人”。她 15 岁开始跟父亲学习攀岩，本来这项“绝技”只传给男人，但是罗登萍坚定地对父亲说：“男女应该平等，我可以去学！”

她从心底热爱攀岩，认为攀岩采药是一件有趣而有成就感的事情。

现在，当地的旅游局把这项“刺激”的运动，作为景区吸引游客的项目。

罗登萍的月收入，从采药时的三千多元，变成了旅游旺季时的八千多元。她用自己的收入买了一辆越野车和一辆货车。丈夫开车拉货，而她继续做“蜘蛛人”，每天攀上悬崖绝壁。

在BBC的镜头里，贵州的紫云格凸河喀斯特地貌成了世界上最美的地方。那里有巍巍大山，有薄雾冉冉的格凸河，还有身怀绝技的“女蜘蛛人”。

中国网友对于罗登萍的评价是“艺高人胆大”，而我认为，她只是在做自己热爱的工作。

如果没有发自内心的热爱，她哪里来的勇气去徒手攀上悬崖绝壁呢？

一个人无论做什么事情，发自内心的热爱，才是最大的动力源泉。工作是这样，创业更是这样。创业之路，漫长而艰辛，如果目标是远方的灯塔，人脉是道路和交通工具，那么热情便是最为关键的精神动力。如果没有超乎常人的热爱，那么创业的路就十分难走，一路走来的艰辛，就十分难熬。有了发自内心的热爱，一切都会变得简单。

有人也问过我：“你创业的热情来自于哪里？”

对我而言，创业热情是发自内心的，因为从心底热爱，所以才能坚持把它做好。

我刚毕业的时候，从事一份工作，可能更多考虑的是薪水的高低、同事之间的相处、家人朋友眼中的形象。我可能会因为某个月涨了工资而兴奋，因为与同事相处融洽而感到温馨，因为在家人朋友眼中的光鲜亮丽而倍感自豪。但那个时候，对于工作本身是否真正热爱，却没有考虑那么多。而当到了一定阶段，再进行事业选择的时候，更多考虑的不是这些外在的东西，而是做这份事业的时候，我是否真正热爱，是否真正开心。

《时尚芭莎》的总编辑苏芒写过一本书叫《为热爱而活》，书中有这样一个故事：

一位年轻的黑人小伙子，没有家庭背景，也没有任何学历。刚开始，他在地下室做保安，但是他一直想换到地面工作，能够光明正大地在阳光下工作。

他想了好多天，终于去应聘了门童，没想到真的被老板选中了。

那是一家著名的拍卖公司，他的工作就是每天穿着制服，给客户拉门。

也许在所有人看来，这份工作并不体面，可他却认为那是世界是最棒的工作。他可以近距离地接触到很多人，可以穿得光鲜亮丽，可以享受阳光，呼吸自由的空气。

为了把工作做好，他还在报纸上找到名人的照片和介绍，将这些名人的资料都记下来。奇妙的机遇降临了，公司要在伦敦举行一次重大的拍卖活动，急需一位认识所有名人的接待者。全公司，除了他，再没有人能够胜任了。

老板打算派他去伦敦，可他不愿意和妻子分开，老板便热情地邀请他的太太一起前往。

很多人都觉得他的经历有些不可思议，他却说：“如果你也像我一样热爱我的工作，热爱我正在做的事情，你也会有这样的经历，你的热情将带你去难以置信的远方……”

工作并没有高低贵贱之分，哪怕是一份普通的工作，只要充满热爱的心，也能做得很开心，也会有不一样的收获。而且，热爱工作的人，会散发出不一样的魅力。

苏芒也是一个热爱时尚、热爱工作的魅力女性。她跟着老板，从最开始什么都不懂的小助理，到今天的时尚女总裁，举行芭莎明星慈善夜。不仅仅时尚芭莎品牌魅力无限，热爱工作的苏芒，身上也散发着热爱的光芒。

我经常会对代理伙伴说的一句话就是：“做任何事情都要有热情，不是你很厉害，所以才开始，而是你开始了，才慢慢变得很厉害。因为在开始之后，在坚持的路上，你会很用心，很努力地想着：我怎么样做才会比昨天更好，我怎么样做才会把业绩更提上去，我怎么样做才能把团队扩大化……每个人的能力提升，都是随着自己去解决问题，去坚持做好一件事情，去乐于精进，才会变得更好的。这就是所谓的创业激情吧！”

你可以翻看所有成功学的书籍，或者成功者的传记，它们都会传递给你一种信息——想要成功，要有梦想和目标，而梦想和目标，来源于热爱；想要成功必须有激情，而激情来源于热爱；做任何一件事情必须要坚持，只有坚持才能成功，坚持的来源也是热爱。

发自内心的热爱是最有能量和磁场的。只要对自己的工作和事业保持发自内心的热爱。那么，无论碰到什么困难，你都不会害怕，不会选择逃避，不会想要退缩，而是积极地去解决一切问题。我一直相信，只要胸怀热情，寒冰也可以融化。自己心中的这份热爱，可以化作能量的磁极，吸引同样对生活和事业抱有热情的人，以及内心渴望却不知所措的人。

内心充满热情，同样会让自己充满魅力，光芒四射。

↓钟华清心语↓

商场如战场，总有胜负，而这个胜负，起决定性作用的，更多的是自己的心。如果自己内心的火焰没有熄灭，那么自己就永远不会被打败。而保持自己内心热情的唯一秘诀，就是让自己的心理富足，无论自己的物质条件如何，千万不能穷了自己的内心。

把“厌恶工作”的负面情绪从心中排除

你专注于自己的工作，热爱自己的工作，就会将自己的价值体现得淋漓尽致。

——钟华清

有时，我也会产生“厌恶工作”的情绪，特别是忙完孩子之后，手头上还有一大堆工作上的事情要处理。那时，别人都进入了梦乡，窗外的星星也变得稀疏，而我却还在拼命工作。心里难免会产生一丝失落感和气馁感。我甚至会对自己抱怨：“钟华清啊，你为什么这么拼，这么忙？现在你的生活已经够好了，哪怕你不用出来工作，肖老师也足够可以养你，现在的物质基础，也够好了。你不用拼命工作，只要日子简简单单，也可以一辈子生活无忧了啊！”然而这样的想法往往只会在我的脑海中停留片刻，待事情处理好之后，我又恢复元气满满的状态。

当我每天打扮得神采奕奕，站在创业伙伴面前时，她们总会很疑惑地问我："帮主，你每天晚上睡那么晚，第二天早晨又起那么早，每天还神采奕奕的，难道你不累吗？"

我会告诉她们："如果你在做一件自己喜欢的事件，就永远不会感受到累。"

如果我每天接送完孩子，就待在家里看电视，或者逛美容院，这样的日子对于我来说，只是一种无聊的煎熬。我想要的生活，是照顾好孩子和家庭，是做好自己事业，带领团队成员走向成功。这不仅是一种责任——孩子与家庭对我的期望、团队成员对我的信任，更是一种生活态度。我的内心有规划，这样做会让我很充实，很快乐，而不是感到颓废。

从做易灸灸开始，我每天一直保持在六个小时左右的睡眠时间，晚上都是一两点睡觉，早上六七点起床，已经坚持三四年了。早起练瑜伽、读书、送孩子。家务方面不用担心，因为家里有一个跟了我三年的"中国好阿姨"，她会把家务事这块料理得非常好，所以我要感谢她，在我创业比较忙的这几年，帮了我的大忙。

这样的生活作息与生活方式，是我自己喜欢的，否则我无法每天都保持良好的状态，去面对工作中的各种事情。我觉得，但凡取得一定成就的人，对自己的工作、事业都充满着热爱。如果工作中没有激情，那么时间就像流水，只会慢慢消逝，却不会给你带来成绩。

莉兹·兰格孕妇装创始人莉兹·兰格说："你的工作将会是一种自我表现的行为，它将为你带来快乐。"我非常赞同，因为只把工作当"饭碗"，这个饭碗就会越来越破；如果不顾一切地爱上工作，工作会变成一只"金饭碗"，这只"金饭碗"会盛满成功、幸福和健康的生活态度，源源不断地回馈着你。

你专注于自己的工作，热爱自己的工作，就会将自己的价值体现得淋漓尽致。这个时候，工作就成了展现自我的一种行为，你会从中得到快乐。

如果只是将工作作为谋生的手段，在工作中，必然不能做到全情投入。甚至，有的人会带着负面情绪去工作，那么，你的价值也就体现不到工作上，而自己也会因为日复一日的枯燥而感觉到厌烦。自己手里的“饭碗”就会越来越破，越来越重。

曾经看过一部日剧《校阅女孩河野悦子》，这部剧有一个充满正能量的切入点：如果你厌恶自己的工作，请像河野悦子一样去发现工作中的闪光点，每一份工作都有它独特的乐趣。

河野悦子原本做着一份无聊的工作，她梦想自己能成为时尚杂志的编辑，可面试六次都落选了。第七次面试，她总算成功了，可录取她的却是和时尚没太大关系的校对部。

如果是别人，肯定无法接受这样残酷的现实，第二天就辞职吧？她却没有，她认为这是离自己梦想最近的地方。所以，她接受了那份“令人厌恶”的工作，等待机会调去时尚部。

看到这里，很多人肯定会说，这又是一个老土的鸡汤故事。不过，日剧的最大魅力，就是能够把鸡汤变成鸡血。哪怕只是枯燥乏味的校对工作，也能够被拍得热血沸腾。至少我每看完一集，都恨不得马上拿起手机，开始一天的工作。

我很欣赏剧中河野悦子的工作态度，虽然校对的工作并不是她喜欢的，但是她却硬生生把一个校对工作，变成了时装秀场，每天换不同的时装去上班，时刻保持最好的精神状态。在校对工作中，也学会找到其闪光点爱上校对，做好每一次校对工作。

每一份工作都有独特的闪光点，所以我们都要学会热爱自己的工作，把应该去做的事情，必须去做的事情，变成自己愿意去的事情，想要去做的事情。这样才能体验到工作的快乐。

无论是为别人工作，还是为自己工作，若能摒弃对重复工作的厌倦，克服在工作中遇到的困难，抛弃对工作的反感，最大限度发挥热爱工作的激情，实现自身价值，那么工作带来的成就感，就是我们快乐的源泉。即使做不到像爱人一样去热爱工作，但至少不要把工作当成“仇人”，要把“厌恶工作”这种负面情绪从心中排除。

↓钟华清心语↓

在工作中，我们需要正能量来不断激励自己。尽管有时辛苦、有时沮丧，但是我们不得不承认工作是实现自身价值的一个重要途径。

事情本身不会变，变的是你的思维

很多人都会因为一些很小的事而失去了最终的目标，这无疑是可悲的。

——钟华清

肖老师经常对我说:“创业不是要你一条道走到黑，而是有无数条路给你选择。”

以前无法完全理解这句话，后来在创业中遇到很多困难，做过无数次选择，迷茫和彷徨过，才真正理解了这句话的含义。创业中很多事情本身不会变，但是人的思维却时刻在变化。

我想每个人都曾有过迷茫的时候，面对未知的未来，面对重重困境，不知道内心真正渴求的是什么，也找不到未来的出口。这时应该停下脚步思考，还是一门心思地往前走呢？

或许你会闭上眼睛，聆听内心的声音继续摸黑前进，可是内心的声音也有可能会欺骗你，它可能只不过是一些零零碎碎的感性因素和随机建构成的因素，与理智声音相距甚远。

这时最好的解决方法，就是调取回忆，识别最初的起点，依靠自己的思维认知，保持当初的那份创业热情。

人的思维有多重要呢？同样是摆在地上的几块砖，大众看到的是一堆乱石头；精英看到了它的组成和作用；王者看到了它正在构建起的摩天大楼。这就是思维差距。

许多优秀人士之所以成功，就在于他总是采用不同于常人的视角和思维，来审视生活与工作中的每个问题，使自己的分析、判断、解决问题的能力得以提高，达到非常人可及的高度。其实，任何问题都可以通过多个角度思考，尤其是当我们遇到挫折困难时，没必要一条路走到底。如果能够适时停下来，转换思维的角度，很可能会柳暗花明，从而成功地战胜一个又一个人生的逆境。无论如何都要知道，你的思维大于事情本身。

创业者经常会犯同一个错误，就是走着走着就忘了自己最初的方向。他们很努力地做好一件事，然后又快速投入另一件事，却在不知不觉中误入歧途，最后把最初的目标都抛之脑后了。所以，每当我完成一件事，往前行进了一段路程之后，都会停下来想一想，看看自己是否走错了路，是否把自己的目标给忘记了。

很多人都会因为一些很小的事而失去了最终的目标，这无疑是可悲的。

大诗人屈原在《离骚》中说："路漫漫其修远兮，吾将上下而求索。"这里的"上下"，不仅可以理解成人生的"上下起落"，也可以理解成"前前后后"。"前"是前进的目的地，"后"就是自己最初的起点。当你遇到困难，走入困境，感到未来迷茫之时，可以暂时停下脚步，别只顾着向前，反思自己走过的路、反省自己，如此进行一番理智思考之后，你的眼前便会明朗起来，你的思维才不会陷入僵局。

很多时候，你感到累了，说明你并不是在做自己喜欢的事情。如果你一直做的就是自己喜欢又想要做的事情，就会自然而然地生出热情，不会感觉到累。

人的思维很容易受到暗示和影响，例如一些难题、一些挫折、一些懈怠。然而，走向成功的人必然会经历各种曲折，才能到达目的地。即使是那些看上去平坦宽敞的大道上，也会布满种种荆棘，使人猝不及防。

这时，你更应该告诉自己：“我还能坚持下去，而不是被眼前的困难影响到自己的思维。”

那些意志薄弱的人被囚于挫折的牢笼、被抛掷于失败的深渊；那些不敢面对现实的人选择躲在角落里痛哭流涕、始终抬不起头来；那些心胸狭窄的人在落败之后一蹶不振，再也没有燃起生活的信心……在挫折面前，忘掉最初的起点，就等于失去了面对一切的勇气。

除了坚持初心，不忘当初的创业激情，你还应该学会思辨，学会换位思考。

很多时候换一个角度去思考问题，一切都会变得简单明了起来，只要我们用一颗乐观开朗的心去观察生活，就不难发现，生活展现给我们的，并没有我们想象的那么糟糕。当你觉得生活充满阴霾，其实，换个思维方式，阳光依然晴好，生活依然充满希望。当你付出慈爱与温暖时，世界也会散发出甘甜的味道。

人们常说：“角度决定高度。”决定人生高度的不是学历、背景、资历、经验，而是看问题、思考问题的角度。世界本身是没有问题的，障碍是由我们自己的主观观念造成的。

在现实生活中，我们常常会看到一些人钻入死胡同。之所以如此，就是因为他们受到惯性思维的影响，往往沿着一条道路走到黑，头撞南墙却从来不知道转个弯，结果弄得自己到处碰壁。很多时候我们经常被常见问题逼到绝境，只是因为自己的智慧被困住了，而当我们能够打破束缚、走出传统的条条框框，开发新思路，会走出一片属于自己的蓝天。

我的团队里有不少年轻人，由于年轻人更加富有创造力，且工作时间不长，惯性思维较少，有许多新鲜的观点和看法。一些老生常谈的问题，新人给出的解决方案总是那么出人意料，具有开创性，这一点我深有感触。他们会打破我们那种“本应如此”的惯性思维，转变成他们的思维模式，问题也往往就此得到完美解决。

生活并不缺乏美，只是缺乏发现美的眼睛，这句话也一定程度上说明了转换思维的重要性。所以，别在年轻的时候自怨自艾，这不仅仅因为自怨自艾解决不了任何问题，更是因为转换一下思维，你会发现，问题可以轻而易举地解决。绝地反击、白手起家的故事每天都会有，事情本身不会变，变得是你的思维以及你看待事情的看法。

↓钟华清心语↓

面对一个问题，倘若受惯性思维的影响，得出来的判断均是大同小异。这种思维方式不能说不正确，只是倘若长期局限于这种思维，往往使人的创新能力不能够得到最大程度的发挥。而创业这回事，离不开创新，而创新的源泉实际上就是突破自我、突破常规和突破思维定式，从思想上战胜自己的习惯思维。

做一座暗夜里的灯塔

优秀的企业，离不开团队的勠力同心，个人高涨的工作热情，无法撑起整个团队。

——钟华清

广袤的大草原，成百上千的羊群里，总有那么一只领头羊，指引着群羊的方向，非洲的丛林里，也总有那么一只雄狮，是整个团队的引路者……

创业中，领导者是整个团队的引路者、启明星。而我，更希望做暗夜中的灯塔，能为我的小伙伴点亮方向，传递温暖。在创业团队中，领导者的工作态度十分重要，如果领导者每天垂头丧气，那么团队成员又怎么会在工作中饱含热情呢？

我认为，作为团队老大，不仅要具备很强的心理素质，还需要极大的工作热情，并且能够将这种热情传递给身边的团队成员，让他们也满怀热情，朝着既定的目标前进。

现代职场中，领导者如果能够点燃工作热情，并且将这种热情传递给身边的人，往往能够让整个团队都充满活力，也更容易做出成绩。为什么比尔·盖茨能够创建辉煌的微软帝国，就是因为他对工作充满无与伦比的热情，并且将这种热情传递给自己的团队、自己的企业。

比尔·盖茨说过这样一句话："每天早晨醒来，一想到从事的工作和所开发的技术将给人类生活带来巨大影响和变化，我就会感到无比兴奋和激动。"这便是比尔·盖茨对工作的热情。在他看来，一位优秀的员工最重要的就是对工作充满热情，而能力及其他都是次要的。他的这种理念已经成为微软文化的核心部分，更像基石一样让微软王国在 IT 世界傲视群雄。

创业并不是个人的战斗，更多是团队的战役。没有优秀的个人，只有优秀的团队。一个优秀的企业，离不开团队的精诚团结，个人高涨的工作热情，无法撑起整个团队。因此，要将工作的热情，创业的激情，坚定不移的信念，传递给团队中每一个人。

那么，如何将工作热情传递给团队中的每个小伙伴呢？

我认为，高效的团队依赖于高效的沟通。那些在团队中充当沟通高手的人，同时也是决定着团队乃至企业生命走向的人。纵观各个成功的企业家，每一个都是沟通高手。

阿里巴巴的马云，天生就是一个沟通的高手，阿里巴巴的成功，自然少不了马云及其创业团队的功劳。每年，马云都要在阿里巴巴的年会上进行慷慨激昂、激奋人心的演讲，他参与的每一个峰会、论坛、活动，都会发出让人热血沸腾的声音。

在一次演讲上，他说："判断一个人或者一个公司是不是优秀，不要看他是不是从哈佛或斯坦福毕业的，不要判断有多少名牌大学毕业生，而要判断这帮人干起活来是不是像发了疯一样，看他每天下班是不是笑眯眯地回家。”

这便是马云传递给所有人的工作热情。

作为易灸灸的发起人，华清创业帮帮主，我不敢说自己是如马云一样的沟通高手，但是与团队的沟通是必修课。首先，我每天要保持自己对工作的热情，保持饱满的精神状态。无论是穿着打扮，还是气色妆容，我喜欢看到镜子里容光焕发的自己，让人看着身心舒畅。

我会早早来到公司，给每个小伙伴一个温暖的问候；我会不断学习产品以及其他书籍，然后，将我的心得、状态分享给团队中的每一个小伙伴。

我曾经看过一个视频，视频的“主角”是华为总裁任正非。他是军人出身，所以每次召开员工大会前，他都会要求员工齐唱《团结就是力量》、《解放军进行曲》等革命歌曲。视频的内容就是任正非带领员工一起高声歌唱的情景。

后来看到华为员工介绍此视频发生背景是，有一次，市场部年终培训结束后，员工照例在公司大食堂里集合，齐唱《解放军进行曲》。不过，由于市场部事先没有排练，舞台上又没有扩音设备，所以大家就只能扯着嗓子唱。任正非激动不已，站起身来带头唱，他身边的员工也跟着高声唱起来。一时间，食堂里歌声飞扬，声震四方，所有人都热情激昂，精神振奋。

我想，这大概就是成功者传递工作热情最简单、最直接、最有效的方式吧！

↓钟华清心语↓

在创业中，很多时候都是暗夜，需要有光指引方向。而我和我的易灸灸伙伴们所传递出的热情，就是点亮暗夜的光芒。这光芒中，除了光明，更多的是温暖。我希望用自己的光，照亮自己的同时，也照亮他人的路，温暖他们的心。坚定方向，充满信心，一路向前行。

梦想一望无际，奋斗一路向前

我相信，梦想虽然一望无际，但是奋斗必须一路向前，不可间断。

——钟华清

每个人都有梦想，有崇高远大的目标。区别在于，有的人选择了出发，一路披荆斩棘，坚持到底，最终达成目标；有的人想想过程的艰辛，还没有出发就选择了放弃；有的人出发没有多久，看到目标太过渺茫，也不堪路程艰苦，于是选择了放弃。

作家克雷洛夫说：“现实是此岸，梦想是彼岸，中间隔着湍急的河流，行动则是架在河上的桥梁。”当人生遭遇湍急，事业遭受洪荒，你还能勇敢地面对吗？梦想的好处是能增加人对生活的热情，使你在接受考验的时候，还能为了梦想而勇敢面对。然而，除非我们以理想为基础，付诸行动，在行动中不抱怨，否则，任何美好的梦想都是难以实现的。

我也经常听到身边的人说出一些豪言壮语，可现实中她们却习惯了观望与等待，而没有付诸现实的行动。真正渴望成功的人是不会一直观望的，更不会坐在原地等待机会，而是自己寻找机会、创造机会。那些只知道站在原地等待的人，最终会像“等待戈多”一样，永远只是在等。

所以，我经常会对团队成员说：“对于自己想做的事情，说了那么多，不如做一做，行动永远比想法更实在。梦想可能一望无际，但是奋斗能让我们一路前行！”

我们每个人都有最初的梦想，没有谁的梦想可以一蹴而就，没有谁的创业可以一路顺畅，没有谁的成功可以一夜实现。要实现这个梦想，需要付出大量的时间和努力。

一个人的事业成功与否，取决于他愿意为自己热爱的事业付出什么，付出多少。为了我们的梦想可以达成，这一切都值得。

我一直都坚信，要舍得为所热爱的梦想，去努力付出，不管是时间、金钱还是情感。

同时，要学会“马上行动”起来。再完美的想法，没有被真正执行，都没有任何价值。

在这个讲究效率的时代，“马上行动”是一种态度，也是一种习惯。如果创业者总想等着“一切就绪”时，才开始行动起来，那么可能永远等不到那一刻了。因为当所有条件都成熟之时，你可能已经错过了最好的时机。

肖老师经常会说：“你可以做好一定的准备，但是不要等到一切都准备好了，才敢行动。”人类似乎都有这种天性，就是习惯性“想太多”，而又“做太少”。

一个被付诸现实行动的普通想法，要比搁置一旁“改天再说”或“等待时机”的好想法更有价值。如果你有一个不错的想法，就应该用行动去检阅。

无论做人还是做事，最大的忌讳就是“理论上的巨人，行动上的矮子”。

一个人口头理论再好，如果只是坐而论道，光说不练，永远也无法让决定变成现实。因此，当你目标有了，方向明了，心态好了，能力足了，就要立即行动，去开启个人的成功之路，成为一位最成功的创业者！

当然，在行动与奋斗过程中，肯定会遇到很多艰难险阻，这时候便能看到成功者与失败者的不同心态。成功者并不是没有经历过失败，而是在无数次失败之后，懂得总结经验，以永不放弃的精神坚持下去，不断向成功迈进。他们肯定跌倒过，受过巨大的打击，甚至感到走投无路。但是他们拥有不服输的“小强精神”，最终一步一步成为人生的赢家。

我们都应该让自己拥有“永不服输”的精神，这不是一种口头禅，而是你应该切实去践行的事情。只要你有一颗永不服输的心，有一种愈挫愈勇的意志，内心就会升腾起一股勇往直前的勇气，生命也将闪耀着绚烂光芒。

我选择了易灸灸，是因为我的热爱，它选择了我，是因为我的坚持。为了它，我愿意付出时间、付出精力、付出金钱、付出激情和情感。我也确实是这么做的，我将自己的心血与抱负倾注于此，不吝惜任何可以为它做的努力。为它组建一个志同道合、不离不弃的团队；为它坚定信念，勇往直前。

我相信，梦想虽然一望无际，但是奋斗必须一路向前，不可间断。

只要我们将内心的热爱化为动力，将动力化为行动，一如既往的坚持，一步一步靠近目标，我们的事业一定会取得成功。

↓钟华清心语↓

当我们在生活中坚持重复去做一件事的时候，就一定可以将这件事做好。不是所有的人都能做到这点，特别是每天重复做一件事，对人们来说是一个巨大的考验，只有通过考验的人才能走到人生的顶峰。如果我们无法坚持，随时放弃的话，自己所走的路就会功亏一篑。

爱与不爱，就在自己的一念之间

生活中，大多数人都抵挡不住诱惑，经受不住困难，只能保持三分钟热度。

——钟华清

上个周末，肖老师又拖我去看了一次画展。

我还清晰地记得，上次被朋友拖去看画展的“惨痛”经历，还记得《西门与佩罗》。一个没有太多艺术细胞的人去看画展，就像一个不爱吃榴莲的人非要说榴莲好吃一样，有点儿作。

不过，这次画展上的作品，没那么抽象，画面感很强，色彩艳丽。

我看着那些充满奇谲想象力的画作，对肖老师说：“这些画真好看，能够画出这样的作品，肯定需要很大的天赋吧！普通人肯定是画不出来的。”

“这些作品也没多好啊！”肖老师摇了摇头，指着不远处的一幅画说，“你看那边那幅画，看起来就很幼稚，如果你待在大学里天天画画，恐怕画出来的作品会好很多！”

我反驳道：“怎么可能！我可是没有一点艺术细胞的人！”

事后想想，肖老师说得也有一定的道理。

我记得成功学大师卡耐基也说过：“如果一个人能够每天花两个小时在同一件事情上，两年以后他就能够成为这个领域的专家。”

或许正因为如此，当一个人在某个领域取得一定的成就后，才会受到别人的非议：“那也没什么厉害的，只要我努力了，也能够像他那样，甚至比他更好！”

可事实上，就算你付出了别人那样多的努力，也不见得会比别人做得更好。

正如这次画展，我想很多人小时候都喜欢画画，都有一个成为画家的美好梦想。

可又有几个人能够耐得住寂寞，每天面对那些不苟言笑的白色雕像，每天画着同样枯燥的线条？有的天赋其实是在不断重复的努力与坚持中被打磨出来的，问题是你努力过，还是一直在努力。生活中，大多数人都抵挡不住诱惑，经受不住困难，只能保持三分钟热度。

从小到大，我们听得最多的一句鸡汤就是“坚持，坚持，再坚持”，只有最执着的人，才能取得好成绩，只有努力了才能找到好工作，过上好的生活。然而，现实的世界却给了我们不同的答卷——始终有人无法学会坚持。

有人看了于丹的节目，感触颇深，想要提高自己的文化底蕴，买了数本诗词书，却一本也没看完；有人逛完画展，想要培养自己的艺术细胞，忍不住报了绘画班，却在削铅笔时就觉得兴趣索然；有人看了一场音乐会，想要提高自己的音乐修养，买了一把小提琴，但结果基本没有拉过。

很多人在创业之初，或者刚入职场的时候，满腔抱负，一心向上，希望通过自己的才华实现人生目标，为自己的事业或者公司添砖加瓦。而很多人，在工作的过程中，或许觉得自己才华出众，值得拥有更好的发展机会；或许眼高于顶，这山望着那山高，摇摆不定；或许在发展自己付出心血的事业时，觉得其实还有更适合自己的创业项目。

这种情况一次两次，无可厚非，或许有人确实需要调整几次才可以找到真正适合自己的方向。但是一直如此，只能是误人误己，耽误了自己大好的前程。

事实上，只要没有太多条件的硬伤，任何领域都能够通过坚持来获得成功，这是不变的真理。一个人的进步与成长的过程，总是伴随着许许多多的困难，如果在困难中停滞不前，或是随便就放弃，那么就不可能看到成功。只有坚持下去，才是唯一的出路，特别是陷入危机的时候，坚持的意念会产生强大的动力，帮助我们找到克服的困难的办法。

当一个人坚持自己的志向时，就会拥有强大的执行力，如果我们不懂得坚持，那么最终将一事无成。只要我们全力去争取，并且一直坚持下去，就没有做不到的事情。

很多时候，之所以实现不了目标，就是因为我们还没有倾尽全力就选择了放弃。从来都没有永久的失败，只有被失败打倒后的放弃。三分钟的热度是成不了大事的。

实现梦想需要长久的坚持，每一次坚持，都让我们离自己的梦想更进一步。

↓钟华清心语↓

只要我们果断、干脆地为自己的人生负起责任，不摇摆、不抱怨、不张望，敢于望着那看不到边际的未来，勇敢地承担自己的人生。坚持自己最初热爱的事业、情感，那么一切都会变得简单，幸福才会牢牢掌握在自己手中。

不忘初心，方得始终

> 如果你能够像傻子一样去坚持，不忘初心，终将走向成功的彼岸。
>
> ——钟华清

我看到朋友圈里大家都在说“不忘初心，方得始终”，只是不知道有多少人真正理解了这句话的含义，又有多少人能真正做到？我对这句话的理解是：既然选择了一条路，再难也要走下去，坚持最初的选择，是梦就别喊疼，想赢就别喊停。

在一定程度上，创业是一条九死一生的道路，很多人在最难的时候，没有坚持下来，忘记或者抛弃了当初决定开始的初衷。生命的抉择有很多，我们常常为了保护自己渐已丰满的翅膀而迟疑不决，错失了搏击蔚蓝晴空的时机。但是一旦选择了梦想起航，那就坚定信念出发，不要怕前路漫漫，不要怕风吹雨打；起锚的船长和水手，不会怕冷冷的海水拍打在脸上的疼痛；想要成为人生的赢家，中途永远不要喊停。

我记得大学时读过刘易斯·卡罗尔的《爱丽丝漫游奇境记》，书中有这样一段对话：

“请你告诉我，我该走哪条路？”

“那要看你想去哪里？”

“去哪儿无所谓。”

“那么走哪条路也就无所谓了。”

很短简的几句话，却耐人寻味。假如一个人没有明确的目标，哪怕当初斗志昂扬地出发，也会在途中迷失自己的方向。所谓目标和方向，正是当初令你感到斗志昂扬的那份初心。一个人失去了初心，就难以找到正确的方向，而没有方向的努力基本上属于徒劳。

这个世界上从来不缺少忙碌的人，只是很多人从早忙到晚，也没有搞明白自己在忙什么，甚至终其一生奔波劳累，却没有活得清楚明白。蓦然回首，仿佛自己的一生都白活了。

当初，我选择做易灸灸的时候，就和易灸灸的创始人蓓蓓说过：“我们的易灸灸一定要走和现在大多数微商产品不一样的途径。我们一定要走客户终端，从客户到代理，再到生产商，这样环环相扣，形成良性的循环，而不是把货都压在代理手中，到不了客户终端。”

我没有选择那种封闭、恶性的运作方式，因此我的朋友圈里始终没有假的反馈，假的流水，更没有什么月入百万的说法。这些东西都不可能出现在我的朋友圈。但是我朋友圈会去讲述，易灸灸给每个女人带来的成长，易灸灸帮助一些坚持下来的代理商们、一些创业女性伙伴们完成的蜕变。一份事业带给女人的不仅仅是金钱上的收入，而是非常全方位的，从物质、精神都有所收获。可能你原本只是一个很孤独的个体，但是当你融入一个非常棒的有着三四年市场沉淀的有温度、有情怀的团队时，真的收获要比你想象的大得多。

我一直在讲“不忘初心，方得始终”，只有像傻子一样去坚持和努力，全心去做好一件事情，才有可能获得别人想都不敢想的高度。现在，易灸灸团队的大伽们，像露萍姐、双双，这些大的代理商们，都是从2015年做到现在，因为坚持自己的初心，成就了她们的事业和目前的高度，也成就了他们目前对于易灸灸事业的踏实感。

创业路上最难的，是要知道自己要什么，知道自己能做什么，知道自己是不是走错了方向。创业的这条路上，我已经知道我的终点在哪儿，也知道目标在哪儿，不会因为任何困难或者挫折，而去选择放弃，而要做到这一点，确实不容易。我认为，像我一样面对疾风骤雨的女性们，之所以能坚持下来，是牢牢记住了以下四点：

第一，相信自己的能力。《吸引力法则》中提到，相信你是什么样的，你就会成为什么样的。要相信自己一定是最棒的，相信自己可以成功。

第二，敢于挑战，不要空谈。要脚踏实地去践行，在过程中寻找方法，多思考，坚持重复做下去，这样才能梦想成真。

第三，学会坚持。创业之路很艰难，要时刻清楚自己要的是什么，做出正确的判断，并坚持下去。如果你没有置之死地而后生的决心，就不要轻易选择创业，如果选择了，请坚持走下去，你将发现，坚持过后，会收获不一样的自己。

第四，享受孤独。不同的阶段，我们会结交不同的朋友，但也会随着各自的成长失去一批朋友，也许只有我们自己，才能陪自己走到最后。即便一无所有，那就左手温暖右手。一个能够忍受大寂寞的人，才能成就大事业。

如果你能够像傻子一样去坚持，不忘初心，终将走向成功的彼岸。

↓钟华清心语↓

我的目标精简明确，不会轻易更改和退缩。在艰难时刻，保持冷静，不忘初心，这才是是否能够取得最终胜利的关键。不要埋怨那些与自己同行一段，又因路途遥远看不见终点而挥别不见的人。这条漫漫长路，只要自己坚持向前，一定会有志同道合的人，与我同行！

即便我不在此处，我也能活得很精彩

最好的人生就是过好自己的每一个当下，因为只有过好自己的每一个当下，才能够去畅想另一种成功人生的可能性。

——钟华清

女人心思细腻，总爱各种幻想，我也是如此。

有时我会幻想：如果自己没有创业，而是做另外的工作，会不会有另外的圈子，会不会认识另外的朋友，过另外的人生？

我心底有自己的答案。如果我没有做易灸灸，没有创业，我想我会提前退休，去非洲旅游。

非洲那些还保留着原始气息的地方，很适合深度旅行。当一个人扎根在一个地方，去深度旅行的时候，他的心境、思维、眼界，都会发生很微妙的变化。

中学时，我就喜欢读三毛的书，想象她半生流浪的撒哈拉大沙漠，到底是多么的辽阔、浩瀚，体会着她的自由与洒脱，感悟着她与荷西的爱情。

我特别喜欢她那句“一个人至少拥有一个梦想，有一个理由去坚强”。

虽然我从来没有去过撒哈拉沙漠，但是梦中却时常出现撒哈拉沙漠的景象。

那是一片美丽的沙漠，金色的沙粒在黄昏中闪耀着迷人的光彩。我站在高处，看见浩瀚的沙丘如丝绸般柔软、平滑；风声响起，飞沙游走，一望无际的沙丘则像大海中起伏的浪花一样，辽远而壮阔。有人说，没有去过撒哈拉沙漠，就不能真正地爱上这个世界，没有在那里体验过生与死的考验，就不知道当下生活的弥足珍贵。

可是，世界上又有多少人目睹过撒哈拉气象万千的金色波涛，又有多少人亲身体会过撒哈拉的寂静辽远呢？撒哈拉沙漠对于多数人而言，只是梦中无法到达的海市蜃楼，抑或能够抵达，却因艰苦、恶劣的生存环境，忍不住逃离。

很难想象，就是这样一个充满了风声与沙动的世界，却是三毛一生的心之向往。在酷热难耐的撒哈拉，三毛感觉到的不是物资的匮乏，也不是枯燥、乏味和肮脏，而是一种别样的生活乐趣。她懂得苦中作乐，在枯燥中寻找乐子，更懂得享受生活，享受她与荷西的爱情。

如果我能过上另外的人生，我希望能亲眼目睹撒哈拉沙漠的气象万千。

另外，我还很喜欢瑜伽，我想开一家瑜伽馆。虽然我现在的瑜伽段位很普通，还处于打酱油的阶段，但是瑜伽真的给我带来了一次身心灵的感受与体验。

如果我能开一家瑜伽馆，我会请一些对瑜伽有深刻领悟的老师，让他给我的一些朋友、一些顾客，开启一场美妙的瑜伽之旅。

如果，我不做易灸灸，我应该是个很出色的文艺女青年，执笔于纸纱。

每一个女孩子，都希望被称为才女，成为一个集美貌与才华于一身的女子。我也不例外。我有专门的日记本和随记本，会将日常的体会，或者灵光一闪的文字写下来，偶尔拿出来翻一翻。我最大的爱好，就是利用课余的时间，写一些随笔，将自己的所闻所感都变成文字。看着文字洋洋洒洒于纸上，那感觉十分惬意。

我曾经写了一部小说，在同学中小范围传看。每次在图书馆看书，或者在书店借书，穿梭于各种类型的书籍当中，我都幻想过，若干年之后，自己的作品可以被放在书架之上。

如果不做微商，我应该会选择走上一条靠文字实现梦想的道路。

我会坚持去读书，坚持去写书，开设一所女性学校。

如果我没有做易灸灸，我应该会成为一名很优秀的讲师，意气风发于我的讲台。

曾经，我也梦想着，自己可以站在讲台上，台下有几十双渴求知识的眼睛，我会用自己的毕生所学，以及相对丰富的人生经历，向他们输送知识及做人的道理。我甚至已经想好自己要教什么科目，以及如何在讲台挥洒汗水，桃李满天下。

如果我没有做易灸灸，我应该是一名致力于环保或者慈善的志愿者，为我们共同生活的地球尽一份力，帮助更多的人得到应有的幸福。

其实，无论我是谁，无论我在做什么，都会有别样的精彩。我觉得每种人生都有它的成功之处，就看你自己怎么去看待，怎么对待。当然，最好的人生就是过好自己的每一个当下，因为只有过好自己的每一个当下，才能够去畅想另一种成功人生的可能性。

↓钟华清心语↓

如果，我不做微商，我应该是个很出色的文艺女青年，执笔于纸纱；如果，我不做微商，我应该是个很优秀的讲师，意气风发于我的讲台。

Chapter 7

第七章

最踏实的事，便是脚踏实地地做事

每一位成功人士的心路历程都大同小异，必然经历狂风暴雨，最终迎来灿烂的彩虹。他们在奋斗之路上，没有好高骛远，没有纸上谈兵，没有急功近利或三心二意，而是做好眼前的每一件事，走好脚下的每一步，踏踏实实，勤勤恳恳，兢兢业业，不将就，也不盲从。

随随便便的成功？不存在的

精彩的人生是自己活出来的，而不是说出来的，一切空谈都只是虚无的梦境。

——钟华清

朋友圈和时间真是一个好东西，朋友圈记录了你过往的点点滴滴，而时间呈现了结果。

肖老师也会问我："你为什么总爱翻朋友圈，而且还是翻自己的朋友圈啊？"我会告诉他："这是我的习惯。"我习惯翻自己的朋友圈，看看过去几年自己的心路历程。

很多时候，我都会被感动到。三年如一日，一千多个日夜，从做易灸灸开始，自己的付出与收获，团队成员的成长与进步，每一件小事都是一个脚印，一步步才走到了今天。

在智商过剩的时代，每位成功者都不是随随便便获得成功的，他总要经历很多，总要走过一段段艰难的路程，每一步都要脚踏实地，而不是纸上谈兵。

我做易灸灸也是这样一步步脚踏实地走过来的，而不是一步就走到今天的成就。

朋友圈记录了我的坚持与努力，一千多个日夜毫不间断地去分享易灸灸，给团队代理提供新的素材、新的突破点。曾经有人问我：“为什么你的成功看起来那么轻松，而我自己想要做成一件事，就那么难呢？”对于这个问题，我的回答是：“没有哪个人的成功是毫不费力的。你之所以觉得我的成功轻而易举，只是因为你没有看到我背后的努力。每个成功的人，都曾为完成梦想拼搏到踉跄，我是如此，其他人也是如此……”

还有人问我：“帮主，你现在的平台这么大，为什么不去做更多的产品，可以收获更多的财富呢？”我回答说：“我是属于那种应该怎么去做，会有自己内心规划的人。”

我觉得易灸灸现在做得很好，但也仅仅只是做了冰山一角，还有很多人不知道它，所以我有责任将它推广出去，让更多人知道并且感受到疗效。现在的大健康环境，给易灸灸创造了极好的发展契机。这是提倡大众养生的时代，未来一定是大健康产品的天下。

这不是纸上谈兵，而是一种现实。我最不喜欢纸上谈兵的人，也不喜欢做纸上谈兵的事。我认为做人应该脚踏实地，做事更应该脚踏实地。我们身边总有那样一些人，在谈到自己的远大志向时，都表现得慷慨激昂，踌躇满志，要做什么事情，要拥有怎样的成就，要如何一步步去实现自己的想法……说起来头头是道，但是现实行动却总是拖延。

这个世界上，懂得纸上谈兵的人有很多，真正能够在实践中运用得当的人却很少。精彩的人生是自己活出来的，而不是说出来的，一切空谈都只是虚无的梦境。

我在一本书上看到世界顶级富翁洛克菲勒写给儿子的信，其中有一段话是这样：

“和普通人相比，我似乎要聪明、狡猾很多。盖茨先生吹捧我是一个主动做事、自发主动的行动主义者。我很乐意接受这样的吹捧，因为我并没有辜负它。我身上最重要的标识就是积极行动，因为我从来都不喜欢纸上谈兵或流于空谈，也希望你不要这样。你必须要明白，没有行动就没有结果，世界上没有哪一件东西不是由一个个想法付诸实施所得来的。人只要活着，就必须考虑行动。”

我相信洛克菲勒的智慧，一位创造了财富神话的人，对于人生、事业必然有真实而独特的见解。这也是现实世界上最宝贵的经验：只有做一个积极的行动者，做自己命运的巫师，才能将心里的想法变成现实。如果只有空想，而不付诸现实行动，那么就等于是纸上谈兵的行为。在残酷的现实社会，最大的忌讳就是纸上谈兵。你懂得的再多，如果仅仅局限于理论而不懂得去实践，那也是空谈。

我们身边从来不缺少那种只会心里空想、嘴上说得天花乱坠的人，他们的行动却可能是百般拖沓、一塌糊涂的。他们想过如何避免自己出错吗？如何去弥补它们？如何与现实的世界和平共处？或许他们想过很多，甚至在开导别人的时候说得头头是道，可是当问题真正出现，真正降临到他们的头顶上时，他们又变得不知所措了。

有很多人认为做微商很简单，不就是发发朋友圈，晒一晒产品，然后联络一下感情，就能轻轻松松地赚钱了。可谁又会知道，为了产品功效能更加出色，为了满足更多客户的需求，研发人员要日以继夜进行产品研究，要经过多少次试验，多少次失败，才能将一贴小小的易灸灸完美地呈现在大众面前；谁又会了解，为了发展业务渠道，我们的小伙伴每天要联络成百上千的人，遭受多少拒绝与白眼，承受多少熟视无睹与不屑一顾；为了完成业绩，要接待不计其数的客户，磨破了嘴皮，说到口干舌燥，甚至忘记了吃饭，顾不上休息……

每位小伙伴的付出，我都看在眼里，记在心里。而对于大众，他们的付出却是默默无闻的，未曾被知晓。别人只会看到，我们用短短四个月发展成了 2000 人的团队，创造月入百万的微商业绩。几个简单的数字，听起来那么毫不费力，那么轻描淡写。但是只有我们自己知道，这其中包含的却是整个团队一天接着一天的努力，一步接着一步的成长，一点接着一滴的付出，一次接着一次的坚持。那四个月，易灸灸创造了一个奇迹。之后的路肯定同样艰辛，我和我的团队，将笑脸相迎，努力走好当下的每一步……

↓钟华清心语↓

我和我一路走来的小伙伴们，都很清楚，没有随随便便的成功！我们用实际行动和亲身经历印证了，一步一个脚印，才能最终攀登高峰。要成功做好一件事的前提是：抱着一颗认真、踏实的心，并且努力做好眼前的每一件事。

一时的喧哗，永远比不上长久的稳定

当喧哗散尽，表面上的所有精彩也都变成了过眼云烟。

——钟华清

前几天，好友珊珊更新了一条朋友圈：“下个月就要去美国留学了，开心。”

她还配了一张自己的照片——照片中的她，在明媚的阳光下，站在灿烂的蔷薇花架旁，是那样美丽动人。好几位朋友评论说，这还是第一张看到珊珊在朋友圈晒自己的照片。

相对于那些天天晒自拍、晒美食、秀恩爱的女孩，珊珊确实低调得多。我不知道她是如何获得留学资格的，平时聚会的时候，她也从来没有提起过，仅仅是和我们谈笑风生。

也有朋友酸溜溜地说：“珊珊怎么不声不响就要去留学了呢？是不是走了后门啊？”

我很想说，后门不是那么好走的，不信你也可以试试，但终究什么也没有说。

在我的印象中，珊珊是一位很低调的女孩。她从来不会对别人说，自己正在做什么，也不会向别人炫耀她拥有的一切，虽然她的颜值不需要用滤镜来美化，她的身材不需要用束腰来展示，她的才学也不需要用夸夸其谈来彰显。别人聊天的时候，她从来不刻意插话，只会坐在一旁静静地听。当别人问她对某人某事的意见时，她总是微笑着回应说："我觉得还可以吧！"

这些表象，让朋友们都以为她是一个没什么能力的女孩。

我却不这样认为，相反，我觉得珊珊才是真正有能力且低调的女孩。她只是选择在人群中隐藏自己的锋芒，就像凌寒开放的蜡梅，默默无闻，却散发着满园的芬芳。

人活一世，无论男女，都想活出自己的精彩，获得别人的赞美。可是，一时的喧哗，永远比不上长久的稳定。那些只会高调炫耀的人，除了在别人面前刷刷存在感，获得自我满足，还获得什么了呢？当喧哗散尽，表面上的所有精彩也都变成了过眼云烟。

无论在哪个行业，都有一些人十分活跃，几乎任何场合都少不了他们的身影，并且只要有他们在的地方，都十分的热闹。热闹得有些浮夸，浮夸得有些造作，造作得有些过度。不知道其他人感觉如何，对于过度浮夸与造作的人和事，我是感觉不太舒服。

在我看来，那些浮夸和造作，虽然一时喧哗，一时热闹，一时光芒万丈，但是很快，就会消失匿迹。很多事情，来得快去得也快，就像陈奕迅《浮夸》里唱的那样："你当我是浮夸吧，夸张只因我很怕。"外表浮夸，一定程度上说明，华而不实。这也应了一句俗语：“低头的是稻穗，昂头的是秕子。”越成熟、越饱满的稻穗，头垂得越低。只有那些果实空空如也的秕子，才会显得招摇，始终把头抬得老高。

中国传统文化一直将“低调内敛”视为一种美德。在日常传统道德教育中，为人谦虚、做事谨慎、隐忍内敛、不事张扬等，是我们从小就被灌输的为人处世之道。而现今社会，很多人不以为然。他们认为，这个社会太过浮躁，低调做人，没有人会注意你，低调做事，没有人会看到你的付出，明明自己做了十分，而别人只能看到三分。相反，那些做一分说十分的人，反而会被更多人注意，受到更多的关注，甚至得到重用。

虽然，这是一种社会现象，但是，以哗众而取来的宠，能持续多久呢？

古人说，人无千日好，花无百日红，用这种浮夸的方式得来的红火，相信更是得不了长久。而那些一如既往实事求是的人，最终会用事实证明，什么才是真正的红火。

我经常会对团队成员说：“我们不用搞得那么高调，不用活得那么花哨，低调内敛一点并不是什么坏事，只要能够做出好的业绩，事实就能证明一切，无须多言。”

桃李不言，下自成蹊。聪明的人，有实力的人，从来不会在人群中高调地炫耀自己，也无须炫耀自己。他们身上的光芒是由内而外散发的。哪怕是奋斗中的人，低调的努力，也是最值得欣赏的，他们知道韬光养晦，知道默默地积攒实力，终有一天将光芒万丈。

自古以来，低调成熟、沉稳内敛的人，方能在群雄逐鹿的乱局中笑到最后，取得最后的胜利，甚至成为史上颇具影响力的传奇人物，看似偶然，实则必然。其人其事，值得后人深思。古人如此，现代社会亦如此——至刚易折，至柔则无损，上善若水，低调内敛，是最好的选择。做生意以来，我不喜欢浮夸，也很讨厌造势，就喜欢一步步脚踏实地。

我相信，只要做了自己该做的，那么无论是吸引力法则，还是因果循环，自己总会收获到本该收获的。自己用心走好的每一步，都会一步步推着自己往高度走。多年经验告诉我，平时工作要低调做人，少说多做，便利万物，方能顺利长远。

↓钟华清心语↓

做生意以来，不喜欢浮夸，也很讨厌造作，我喜欢一步步脚踏实地，做自己该做的，那么吸引力法则，因果循环，会一步步推着你往高度走。相对于一时的喧哗，我更喜欢长久的稳定。

我有一颗绝不将就的匠心

积累足够，沉淀足够，用工匠之心做产品、做市场、带团队。

——钟华清

我是一个有点“强迫症”的人，无论决定做什么事情，都希望能百分百做好，努力不能打折扣，品质不能够将就，无论产品，还是团队，或者市场渠道，都希望做得最好。

肖老师说：“你这不是有强迫症，而是有一颗不将就的匠心。”

我乐呵呵地笑了，心里知道他是故意在夸我。

唐朝王士源《〈孟浩然集〉序》中提到：“文不按古，匠心独妙。”匠者，灵巧，巧妙也。匠心，则指能工巧匠的心思，古代常指文学艺术方面创造性的构思。匠心精神是指工匠对自己的产品精雕细琢，精益求精的精神理念。而如今，匠心，更多的是指坚持卓越，追求品质。

在讲究高效率的时代，能够精雕细琢，追求品质，愈加显得难能可贵。

我记得，在 2016 年初，央视播出的一部纪录片《我在故宫修文物》，一时间风靡网络。纪录片讲述了一群中国的顶级手工艺人，他们在故宫长年如一日修理文物，很多人从十几岁学徒干到退休再到被单位返聘，依旧执着于从事了一辈子的事情。

片子不长，只有三集，分别按照文物种类不同，讲了书画、钟表、织物、青铜器等物品的修复过程和修复者的生活故事。拍摄手法也不花哨，平铺直叙的纪录片手法，配乐，旁白都不出挑，但就是这样一部纪录片却意外地“火了”，也引发了很多人对“匠心”的思考。

精益求精，注重细节，追求完美和极致，不惜花费毕生时间与精力，孜孜不倦去做一件事情。一丝不苟，确保每个部件的完美修复。

这样的专注、追求、坚持，让每一个决心做好事业的人受益匪浅。

我的易灸灸，我的团队，一直都在做的，就是这样——把每个细节做到极致，不投机取巧，绝不将就。同样，我也希望像我一样的伙伴们，坚定不移地将完美主义坚持到底，贯彻到生活和事业的每一个细节，把品牌的每个细节都做到了极致，效果自然是惊人的。

人生就是这样，你的任何付出，都会在后来的时刻回报你。

↓钟华清心语↓

在我看来，坚持做好一件事，就要积累足够，沉淀足够，用工匠之心做产品、做市场、带团队。我相信，每一份积累，都为在机会来临时紧紧抓住它而做铺垫。

急功近利=欲速则不达

无论做什么事，都不可能一蹴而就。

——钟华清

创业过程中遇到困难，人的心态很容易变得浮躁，变得急功近利起来。

古人说“欲速则不达”。当创业遭遇挫折与困难时，不能一味地追求速度与结果，而对过程与解决方法熟视无睹。这也是我自己的切身体会。

肖老师曾对我说：“要记住，没有什么生意、什么事情是可以快速做大的，它都有一个过程，急功近利等于欲速则不达，每个人是如此，每个行业也是如此……”

当时，易灸灸在推广上遇到一些小问题，我有些心急，听完肖老师的开导后，豁然开朗。就创业而言，急功近利可能是最可怕的事情吧！马云也不是一朝成为大咖的，而是一步步积累、一步步沉淀，才有现在。

我也会奉劝身边年轻的创业者：“不要相信别人跟你说的什么躺着赚、不用付出也能月入百万之类的，那都是忽悠人的。现在的互联网时代，虽然成就了很多没有背景、没有学历、没有靠山的人，但没有快速成功的好事。凡事去做，做好当下每一件事，用心对待每个人每个客户，这才是在做大的路上！”

无论做什么事，都不可能一蹴而就。人不可能一口吃成个胖子，也不可能瞬间瘦下来；城市里高耸林立的高楼大厦，需要从坚实的地基慢慢打起，一层一层渐渐成型；名扬世界的艺术家，是通过从小一点一滴地学习、积累、进步，才画得出佳作。

同样，创业也不可能快速成功，需要付出足够的耐心，循序渐进，慢慢积累，方能有所收获。否则，操之过急，急功近利，就会造成欲速则不达的尴尬境地。

年轻人想要实现自己的创业梦想，其艰难程度可想而知，如果没有一定的忍耐力，梦想就只能被搁浅，甚至是破灭。几乎所有成真的梦想，都是忍耐的结晶。不过，忍耐并不意味着无所事事、毫不进取，也不意味着安于现状、坐吃山空，而是不断积蓄力量，等待时机的到来。

真正的忍耐是不安于现状，不在一味的忍耐中消磨自己的意志，而是拥有一颗奋斗的心，为了自己的梦想而蛰伏和等待。或许等待的过程是漫长的，但是最终的结果一定不会让你失望。因为任何人想要实现自己的梦想，都要学会默默地忍耐，等待最好的时机。

我曾经在一本杂志上看过一则富有哲理的故事：

有一个小男孩很喜欢研究生物，很想知道蝴蝶是如何从蛹蜕变而成的。

有一次，他刚好在草丛中发现一只蛹，便将其带回了家，日日观察，想要亲眼见证破茧成蝶的时刻。几天以后，蛹出现了一条裂痕，里面的蝴蝶开始挣扎，想抓破蛹壳飞出。

小男孩兴奋极了，感觉自己终于要见证奇迹了。

破茧的过程持续了数小时之久，蝴蝶在蛹里辛苦地挣扎，看起来十分艰辛。

小男孩看着有些不忍，也想早点看到蝴蝶破茧而出的魅力，就决定要帮帮它。

于是，他拿起剪刀，将蛹剪开，终于，蝴蝶在他的帮助下破蛹而出。但他万万没想到，蝴蝶挣脱蛹之后，翅膀不够有力，根本飞不起来，不久，这只蝴蝶便痛苦地死去了。

破茧成蝶的过程原本就非常痛苦与艰辛，但每一只蝴蝶都必须通过这样的过程，也只有通过这一经历才能换来日后的翩翩起舞。外力的帮助不仅不能让它早日飞翔，反而变成了致命的伤害。违背了自然的法则与过程，就成了欲速则不达，最终蝴蝶悲惨地死去。

同样，许多事业的成功都必须有一个痛苦挣扎、奋斗的过程，而这个过程，会将我们锻炼得更坚强，成长得更成熟，使我们更有力量。这个过程不能偷懒，也不能心急，只有保持足够耐心，才能获得自己应有的成就。

千里之行，始于足下。千里远的路途，也是从脚下第一步迈开来，一步一步积累出来的。正如有一句格言所讲：“日日行，不怕不能千万里；常常做，不怕做不完千万事。”尤其是创业的时候，每天的事情都很多，只要有耐性、毅力、恒心，不怕不能把它们一一做稳妥。而急于求成，恨不能一日千里，往往事与愿违，寸步难行。

↓钟华清心语↓

无论是做人，还是做事，都应放远眼光，注重知识的增长，注重人脉的积累，注重品质的提高，厚积薄发，自然会水到渠成，达成自己的目标。

成功都会伴随着一定的孤独

每个人都会有最孤独的时刻，有的人会享受这种孤独，有的人却会被孤独打败。

——钟华清

有一次，接孩子放学回家，我独自一人在车里静静地待了一会，因为无聊，便看起了好朋友之前送的那本《麦田里的守望者》。翻了几页，不禁想道：

“也许，智慧都会伴随着一定的孤独。”

有人说，孤独是精神优秀者的命运。成功者往往站在金字塔的顶端，如果一个人一直站在高处，那么这个人必将是世界上最寂寞、最孤独的人。正所谓，高处不胜寒，曲高必然和寡。一个人想要获得成功，就要耐得住寂寞，所以大多数成功者都曾经历过孤独。

以前看过一部美剧，名叫《地球上最后一个人》，它讲述了一个无比孤独的故事：在幻想中的 2022 年，人类由于某种流行疾病导致了大面积死亡，男主角开车走遍整个北美后发现自己有可能已经是世界上最后一个人了。

他的生活变得无比自由，甚至能够随意拿走梵高的真迹、奥斯卡小金人和乔丹签名的球衣，还可以随意去市场拿各种东西来填饱自己的肚子。当全世界只剩下男主角一个人时，他可以将整个世界都当成自己的游乐场，他独自“霸占”了三个街区，三个泳池，还开着最豪华的跑车，喝着价值最昂贵的酒……按理说，这样的生活应该让男主角感到无比快乐才对，然而他却被严重的抑郁症所困扰，很难让自己快乐起来。

为了走出永无止境的沉默，他甚至像《荒岛余生》中的汤姆·汉克斯一样，给无数“球”形的物体取了名字，还赋予它们相应的人格，所以一群篮球、排球、网球、乒乓球成了他聊天倾诉的对象。几个月之后，他的房子变成了垃圾场，就像他的内心一样狼籍。

当全世界只剩下自己一个人的时候，那种孤独和恐惧是可想而知的。

我认为，人的孤独有两种，一种是有形的孤独，一种是无形的孤独。

在人际交往中，那些过于偏激、缺乏团队精神的人，容易让自己陷入孤独的境地。这类人就像把自己放置于深山老林中，周围看不到半个人影，哪怕想说话了也找不到倾诉的对象。这是有形的孤独，只要人多了就会自然消除。

德国大文学家歌德说：“走在看不到半个熟人的人群里，没有比这更令人感到孤独的。”这种孤独属于心灵层面，是一种无形的孤独，也是很多现代人都感受到的，虽然他们每天都和很多人见面、聊天、互发 e-mail，但还是被孤独所困扰着，无法快乐起来。

心理学家志贺春彦曾经说过：“不害怕孤独，便能够培养自己的独创力。”

如果你希望自己在工作及学习中发挥巨大的独创力，就不要光是忙着与人交际，也要学会一个人独处。也许，孤独还能够给你带来意外的收获呢？

在哲学家眼中，人类穷尽一生要做好两件事情：一是处理好自己与世界的关系；二是处理好自己与自己的关系。一个人如果无法认识自己，无法读懂自己的内心，又如何去打败孤独呢？很多人的生活表面上看是丰富多彩的，性格是乐观向上的，似乎很享受现在的生活。然而内心却是孤独的，将所有人都拒之于心门外。成功者却懂得与自己内心的孤独对话。

每个人都会有最孤独的时刻，有的人会享受这种孤独，有的人却会被孤独打败。

↓钟华清心语↓

我记得一位心理学家朋友说过：“真正的孤独往往产生于那些虽然有肉体接触，但是没有情感和思想交流的夫妇身上。”可事实上，不管你是未婚还是已婚，也不管你是一个人独处，或者置身于人群中，只要你同周围的一切缺少了解，或者和你身外的世界无法沟通，就会深深体会到孤独的滋味。

必然失败的心态：好高骛远和三心二意

智商过剩的时代，简单一点、感恩所有、努力一把，才能到达你想要的领域和高度！

——钟华清

我常听身边的朋友说：“这个社会太现实了，也太残酷了。”

虽然社会现实而残酷，但也有公平公正的一面。那些懒散的、不思进取的人，最后也只能流于平庸；而那些进取的、勤奋的人，会得到更多的机会。

我想很多人都曾有过这样的经历：在懵懂的青春岁月，以为只要努力考上大学，人生的命运就会发生质的提升，不过到了大学毕业之后才赫然发现，就算有了文凭也不一定能够找到一份让人满意的工作。当你终于找到自己梦寐以求的工作，又发现一切都和自己想象中的不一样——这个世界上根本没有真正让人满意的东西。

这时，你的梦想仿佛被击碎了一般，你也渐渐无所适从，对未来充满了未知和恐惧。

一位教育学家曾经说过："当今社会的大学生已经不能再自诩为社会的精英，而应该把自己定位成一个普通的劳动者，然后进行就业选择和就业竞争。"在这个竞争越来越激烈的社会，普通的大学生再不敢轻易将"精英"的帽子戴在自己的头顶上，不过真正的"精英"也必然出于年轻的一代，只要你足够优秀，就有机会脱颖而出。

我们不能否认，自己是幸运的，毕竟生在一个充满机遇的时代。无论在政治、经济、文化，还是安全方面都拥有前所未有的优势。年轻人初入这个现实的社会，最重要的一点就是给自己一个确定的定位，哪怕自己缺少平台，手中所拥有的资源十分有限，也不能自暴自弃，灰心失望。相反，如果你拥有良好的可利用资源，自己本身也很优秀，同样不能眼高手低，好高骛远。初入社会只是年轻人学习的开始，只要自己所从事的行业，能够提供给自己发展的机会，就应该安心工作，努力进取。

对于创业者来说，有时心态比努力更重要。创业需要一步一步做起，成功需要一点一滴积累，做好每一天的工作最终才能积累成最后的成功。然而创业初期是艰苦的，因此要学会坚持，做人不能太好高骛远，做事不能太三心二意。

人，不能好高骛远。如果总是这山望着那山高，那么你永远欣赏不了山的美景；如果一个女人，总是觉得别人家男人比自己老公好，那么这个女人一定不幸福；如果一个员工总是觉得别人家的工资比自己公司的高，别人的老板比自己老板更厉害，那他（她）的问题不是跳槽能解决的；如果一个代理，总是觉得别人的产品更有销路，别人的上家比自己的更优秀，那她也一定做不好一项事业。

智商过剩的时代，简单一点、感恩所有、努力一把，才能到达你想要的领域和高度！

在创业的过程中，最忌讳的就是没有明确的目标，又不能持之以恒，这个也想做，那个也觉得不错，却总觉得正在做的事情一无是处，最后一事无成。

明确的目标并不是好高骛远，并不是对于眼前的任务不屑一顾。

其实，无论在工作还是生活中，都应该摒弃好高骛远的心态，不再三心二意。只要认定了一件事情、一份事业，就不要再左顾右盼。

每个人在刚开始创业的时候，都缺乏经验，没有人脉，而获得经验与人脉最便捷的途径，无疑是坚持自己从事的事业，将一个行业做到极致，远比每个行业都涉足更容易取得成功。

很多的百年老店能够有口皆碑，声名远扬，在激烈的市场竞争中立于不败之地，正是因为它们专注这一行，并且不断努力与创新。创业要专注，不能三心二意。在一行业立稳脚跟，深挖行业的发展潜力，才是发展的长久之道。

↓钟华清心语↓

当未来尚不明朗，当工作上遭遇阻碍，当你的内心感到无力的时候，不妨先“放弃”自己的远大目标，从手上头上的小事做起，这样你就会发现要达成自己的目标，并没有想象中那样困难，甚至在完成一些短期任务时，会让你体会另一种成就感。

自律，铸就焕然一新的光芒

你的自律、你的努力、你的付出，都会在以后铸就焕然一新的光芒。

——钟华清

我遇到过形形色色的代理商，其中有一些代理商刚加入易炙炙的时候元气满满，一副要干大事业的样子。可随着时间一天天过去，她们的创业热情也一点点退却，开始懈怠拖延，然后怀疑自己的能力，怀疑自己当初的选择，最终在迷茫与无助中放弃了自己的事业。

人类有一个共性，就是喜欢偷懒，能够拖延的事情就尽量拖延。

因为每个人都想待在自己创造的“舒适区”。人们固有的习惯、观念、行为方式、思维方式和心理定式，使人们处于一个不愿打破的“舒适区”。

在这个区域内，人们有自己的节奏，有自己的做事方式，有自己的为人处世模式。人们常常感觉放松，不愿被打扰。而沉溺于此的人，会不思进取、固步自封，会感到非常惬意舒服，觉察不到任何真正的压力，没有危机感，甚至自我麻痹。

他们不会主动地付出太多的努力，从行为表现上看，会有懒惰、松懈、拖延等行为。而所有懒惰、松懈、拖延的行为，无非是为了保持舒适的感觉而已。

我想，每一位拖延者都会有这样的心理变化——假如工作任务十分紧迫又无从下手，会十分焦躁，可是如果可以暂时放下手中的工作任务，会立刻变得轻松愉快。因为暂时摆脱了压力，即使拖延也会让人感到无比轻松，就算只有几分钟也是美好的享受。

一次，代理商小刘找我聊天，他说，“我有严重的拖延症，不知道应该怎么办了。”

小刘毕业于中文系，文笔非常好，以前在大公司里做文员，后来转入了新闻行业。随他一起“转业”的还有严重的拖延症。现在，他一边做易炙炙，一边做自由撰稿人。

有时候收到一篇稿子的任务，他告诉自己，绝对不能再拖延了。可事实上，只有到了晚上夜深人静的时候，他才能够坐下来写一写，结果没过几分钟，又觉得没有灵感了。

为了寻找灵感，他玩了一会儿手机，看了一会儿网页，如果正好看到一个搞笑的视频，还不忘转发给亲朋好友。在大笑之后，睡意又来了，结果只能怀着“罪恶感”躺到床上。

这时还不忘告诫自己：“明天一定不能再拖延了！”

然后明天又重复同样的事情，日复一日，直到编辑催上门了才将稿子草草写好。

我问他："这样的稿子，能保证质量吗？"

他很苦恼地摇头："就是质量不好，所以经常被退稿啊！"

只要一说到拖延症，可能每个人都会脸红，因为几乎每个人都能和拖延沾上关系，比如信用卡的账单总是要拖到最后一天才去还；穿脏的衣服想洗却一直没有动手；马上要交策划方案了，却还在玩网游、刷微博；两天可以完成的方案，却要拖一周甚至更久……

我听过一句最具讽刺意味的话："人的拖延症是治不好的，如果哪一天治好了，就是世界末日。"虽然这句话略显夸张，不过也切实说明了拖延症的严重。如果一个人养成了事事拖延的坏习惯，就等于给人生带来了巨大的灾难，而这种灾难无异于世界末日。

其实，我们选择了创业，已经是在主动寻求改变。在选择上，我们已经突破了"舒适区"，但是行为上，也必须突破"舒适区"，我们只有高度自律，克服懒惰、散漫、拖延的心态，才能谋求更大发展，迈向成功。很多人想改掉拖延的坏习惯，不过最后取得的成效都不明显。

纵观商场中的成功人士，他们都像职业运动员一样自律，在作息、饮食、习惯、爱好、体力等各方面。苹果公司创始人史蒂夫·乔布斯每天凌晨 4 点起床，9 点前把一天工作做完；华人前首富李嘉诚不论几点睡觉，都会在清晨 5 点 59 分闹铃响后立即起床，随后读新闻，打一个半小时高尔夫，去办公室开始一天的工作。这并不是一天的作息，而是数十年如一日的习惯。

在很多人看来，这些成功人士的自律几近于自虐。其实，自律是对自我的控制，是对事情的控制。我们要先学会控制自己，用严格的日程表规划生活，才能在这种自律中不断磨练，不断成长。如果连最基本的行为控制都做不到，还谈什么控制人生，又奢谈什么成功？

很多人说我身材好，我只是觉得，自己只是保持了喜爱的曲线。在健身风行的当下，我算是朋友圈中的运动达人。每天 6 点，我会准时起床，吃一份健康低热量的早餐，7 点准时做瑜伽。除了每天的瑜伽，我每周都坚持健身三四次，主要以跑步为主。在饮食上，我对自己的要求严格到近乎苛刻的地步：从来不吃晚饭，不喝任何含糖饮料，基本不吃淀粉，每天食物是低脂肪、低热量，饿的时候就喝酸奶，吃一些优质的坚果或水果。

因为工作，我经常会熬夜，但第二天依然风雨无阻地开始新的一天。除了怀孕、生子，这就是我的生活常态。而这样的生活，我已经坚持了多年。现在，很多女孩为了减肥，也会这么苦熬一段时间。但是，能坚持下来，成为生活习惯的却不多。

很多人朋友都说，我对自己太狠了。其实，我对自己“狠”，并不是对身材不满意。我只是很享受能够掌控自己体形的感觉。一个人能把控的事情不算很多，体重是最基本的。另外，这种“狠”，是自律的一种体现。

网上曾经有一句流行语：千万不要得罪减肥成功的女人，她们对自己都这么狠，还有什么事情做不出来？在我看来，这种“狠”一样的自律，是生活与工作的基石，是做好一件事情的必备品质，也是克服自身懒惰、拖延的武器。

请相信，你的自律、你的努力、你的付出，都会在以后铸就焕然一新的光芒。

↓钟华清心语↓

无论工作还是创业，只要设定了目标，就必须离开原有的“舒适区”，挑战原有的能力结构、资源范围、智力水平和知识水平。虽然离开了“舒适区”会暂时感到不舒服，但会促使我们快速成长，工作表现将会得到改善，工作技巧也会优化，最终达到人生新的高度。

百分百真实的人生

无论是生活还是事业，幸福与否是自己的感受，成功与否自有时间证明。

——钟华清

曾经，有一位玛莎拉蒂的代理商发微博说："要论牛气，我只服微商！"

他还曝光了一条视频，视频中的女人声称自己做了一个月微商，便跑去玛莎拉蒂4S店提了一辆车，还拉横幅说"微商月入百万，可提玛莎拉蒂"之类的话。视频的曝光，加之代理商的言论，一下子就将微商推到了风口浪尖上，身边的人都在说，"微商造假，太可怕了！"

当时，易灸灸也受到一些影响，销量有明显的下降。其实，我并不否认微商团队中存在一些弄虚作假之人，他们会去制造一些财富假象，让人们以为微商就是躺赚，只要拿到产品，发发朋友圈，就能实现财富的裂变，从灰姑娘，变成白雪公主。

我甚至亲眼见到过，一些人去网上卖廉价的商品，拍视频说自己做了微商，做了某产品多久，然后实现了“月入百万”的梦想，在微商领域成就了之前无法想象的目标等，听起来非常夸张，也很不切实际。其实，这是一种虚假宣传造势的手法，很让人讨厌。

那时微商才兴起没多久，还算是一个非常新型的行业，也是一个需要消费者主动去大浪淘沙的行业。每个行业都有它的成长时间，易炎炎在不断成长，微商也在不断成长。在成长过程中，势必会像大浪淘沙一样，淘汰一些产品，沉淀一些产品，最后留下的才是行业的精华，是那些认认真真、踏踏实实的代理商。

无论面对什么行业，都需要消费者客观、冷静地去看待。同时，代理商自己也要保持初心，做好自己的产品与事业。因为市场永远是透明的，消费者的眼睛也是雪亮的。

如果你现在发朋友圈，说自己做了某款产品，月入百万；或者你做微商之前很丑，做了微商便逆袭成白天鹅……这类话听听就行了，长此以往，只会背负“欺骗消费者”的骂名。

我一直在强调，做微商应该踏踏实实，用心去沉淀，而不是夸大自己的成就来博得名利。这样只会适得其反，饮鸩止渴；做微商也要像做人一样，要百分百真实。

有时，我会陪肖先生去参加一些创业伙伴举行的庆典活动。

每次活动上总能听到有人高谈阔论，夸夸其谈，比如自己又签了一个多么大金额的订单，又买了一套多么气派的别墅，添置了一辆性能多么高级的爱车；自己每天如何日理万机，今天又见了哪个名人，明天又要跟哪个大佬吃饭……似乎自己已经是站在金字塔顶尖的成功人士，大有马上就超越马云、李嘉诚甚至比尔·盖茨的节奏。

这些人，在创业大军中并不在少数，似乎吹嘘自己、博人眼球成为他们创业的一种手段。当然，有的人并没有这么夸张，但是仍然存在夸大自己成就，以吸引别人的关注，希望以此获取更多名利的行为。我觉得，这种行为，大多来源于虚荣的心态。

这样的人注定活得很累，因为他们总是生活在别人的评价中，活在自己虚设的世界中，在极度的自信和极度的自卑来回切换，没有中间地带。甚至，他们会“死要面子活受罪”，让自己处于一种很窘迫的境地。

以前在银行工作时，读过一个名叫《孔雀爱尾》的故事：

一只雄孔雀非常喜爱自己的尾巴，它的长尾闪耀着金黄和青翠的颜色，任何画家都难以描绘。但是它生性善妒，看见穿着华美的人就追着啄他们。它天性虚荣，十分爱惜自己的尾巴，哪怕是在山野栖息的时候，总要先选择一个好地方，搁置自己美丽的尾巴，才能安心地休息。

一天，天空下起了雨，打湿了它的尾巴，而这时，捕孔雀的人就要来了。可是它却不想拖着被打湿的尾巴逃跑，而是将尾巴一点点弄干、捋顺。又怕自己飞的时候弄乱了尾巴，于是一点点往前走，还珍惜地回顾自己美丽的长尾，最后它不出意外地被捉住了。

这只孔雀，就是因为虚荣心太盛，过于在意外表，才将自己陷入危险的境地，最终被抓。在这个意义上，虚荣心是十分可悲的，常常使人做出没有理智的行为。

在商场中，普遍存在的虚荣是指对名的过度追求，它会使社会形成不务实的浮夸之风，使个人丧失生活的基础，陷入勾心斗角之中。很多人为了努力使自己看起来比别人强，会不择手段，无所不用其极，使用各种套路，无论从声势上，还是其他方面，都要压过别人一头。当别人被自己踩在脚下的时候，才能在与别人的差距中获得快乐与满足。而当受条件所限，无法使自己比别人强时，就会在与别人的差距中感受折磨与痛苦。

而一个人的虚荣心和另一个人的虚荣心是不能共存的，结果只有互相伤害。虽然，虚荣心很难说是一种恶行，但是一切恶行都围绕虚荣心而生，都不过是满足虚荣心的手段。

无论是生活还是事业，幸福与否是自己的感受，成功与否自有时间证明。

我不喜欢一时的膨胀与泡沫般的赞美，不喜欢夸夸其谈，不喜欢和太有心计、挑拨离间的人打交道。我不喜欢弄虚作假的东西，只想要百分百真实的人生。

其实，我明白所有套路，但不喜欢用套路，我只希望，能够做商界的一股清流，理智而清醒地做好自己的事。在工作中，不要着眼于眼前利益，也不要在意一时的得失与评价，只需要脚踏实地的付出努力，将自己分内的每一件事都做到极致，才有创造荣誉的资本，才有得到掌声的权利。而此时的掌声，才是真实的，才是我们值得骄傲、引以为豪的。

↓钟华清心语↓

我现在的生活，虽然忙碌、平凡，但是很真实、踏实。生活不止眼前的苟且，还有诗和远方，只要用心体会自己做的每一件事，感受自己的每一分努力，生活的享受与远方的诗意就已在其中。而如此真实的生活，也就是对人生最大的奖赏！别人的评价，我们无法控制，但是我们可以掌握自己的人生，那么，就把真实的人生留给自己，判断任人评说吧！

Chapter 8

第八章

继续前进，只为了不虚此行

创业是为了让人真正独立，真正成就自己，真正按自己的意愿生活。创业之路如此漫长，我只想诚恳、谦虚地做人，认认真真地做事，不伤害别人，也不委屈自己。我仍然在路上，仍然一路前行，仍然不断总结过去，不断规划未来。我不知道我何时可以到达最终的目的地，但是我知道，只有继续前进，才能不虚此行。

按自己的意愿过一生

只有掌控自己的人生，才能按照自己的意愿生活。

——钟华清

我不记得在哪里听过一句话:“这个世界上，总会有一个人，过着你想要的生活。”

偶尔，我也会思考，现在的生活是不是自己想要的？如果不是，我能否按自己的意愿过一生。人生如白驹过隙，我也不想委屈自己，用宝贵的生命活成别人想要的样子。

现在满世界都在提倡女性独立，因为只有独立自主的女性，才能和自己的老公并驾齐驱，才能更有底气，活得更有尊严，才不至于低头去向老公要钱——那样自己就输了，等于将自己的人生、自己的意愿，直接系在一个男人身上，而这个男人的喜怒哀乐就决定自己的生活质量，也决定自己的一生过得好或不好。

但是，当女人拥有一份很棒的事业，有独立的经济收入时，便可以活得更有底气。

这个社会本身就存在很大的风险，每个行业潜在的风险都很大，人与人之间的关系也存在一定的风险，女人是这样，男人也是如此。经济上的独立能够让女性更有底气、更有尊严之外，还能更好地帮助自己的老公，减轻家庭经济上的负担。

女性在赚钱，在经济独立的过程中，也能让自己的能力得到很大的提升，比如在思考怎么去赚到这个钱的时候，你的思维会得到提升；你去坚持做好这件事情，在得到经济收入的同时，也获得了与别人打交道的能力，以及处理事情的能力。你也明白了，你应该更好地提升自己，所以女性赚钱，不仅仅是经济上的收入，还有自己各方面潜能的激发与成长。

当一个女人拥有了独立的经济、独立的思维、独立的能力，她才能过上自己想要的生活。这样她才能给自己爱的人和爱自己的人更多的反哺。我觉得这样的独立才是最棒的。

一位朋友遇人不淑，婚姻破裂了。她痛不欲生，带着孩子离开了自己的城市，去外地独自打拼。几年后，她成了当地赫赫有名的女企业家，事业有成，身份不菲。

可是，她的母亲说起她时，却总会抹眼泪，说自己女儿“命不好”，如果当初嫁一个好人家，何必如此辛苦，一砖一瓦都要靠自己去挣？老人家的话听着让人唏嘘。在老人看来，是心疼自己的女儿太过辛苦。

朋友却对我说：“家人都觉得我命不好，才需要自己这样拼命，可我不觉得。如果再给我机会选一次，即使婚姻幸福，我也要选择成为现在的自己。”

我很佩服这样的女人，能够通过自己的努力，成为掌握自己命运的人，这是一件值得骄傲的事，也是每一个独立自主的女性所追求的。

因为，只有掌控自己的人生，才能按照自己的意愿生活。

在我心中，一个具有独立思想，可以掌控自己人生的女人，应该是这样的：

她拥有强大的勇气，能去做自己喜欢的事情，并且觉得很开心。无论自己是什么出身，无论自己有没有基础，无论多少人认为自己是异想天开，无论别人是否能够理解，她都会锲而不舍，追求自己梦寐以求的梦想。

她拥有出众的能力，能去拒绝自己不愿意做的事。生活有很多无奈，很多人在很多无奈的场合，会做出一些无奈的选择，做出违背自己原本意愿的事情。而一个可以掌控自己人生的女人，必须拥有能力，对一切非我所愿的事情，说“不”。

每一个人都是独一无二的，每一个人的人生都应该由自己规划，为自己而活。而这一切，都要靠自己。自己越努力，就越是拥有选择的自由，以及更多说“不”的能力！

当然，我并不是倡导女权主义，哪怕女人赚到钱了，有了自己的事业，也不能趾高气扬，而应该凭借自己的能力和底气，去爱自己爱的人和爱自己的人，去反哺和感恩。

有的女性可能会抱怨：“为什么别的女人命那么好，能够嫁一个好老公，公公婆婆也对她那么疼爱呢？”我想这就是相互的反馈，一个人对另一个人好，也都是相互的。只有当女人成为独立的个体时，才有资格对别人好，也让别人对自己好。

一个整天蓬头垢面，穿着睡衣，在家里好吃懒做的女人，凭什么得到老公和公婆对你的爱呢？所以你想得到别人对你的好，你先问问自己，你是否值得别人对你好？只有当自己足够好了，足够独立了，足够可以独当一面了，你才可以争取自己想要的一切，过上自己想要的生活。因为别人对你的态度，取决于你是什么样的人，你过着什么样的生活。

人人都渴望自由，但真正的自由不仅仅是想做什么就做什么，还有不想做什么就不做什么的自由！女人就应该努力活成自己想要的样子，按自己的意愿过一生！

↓钟华清心语↓

女人最好的状态就是可以任意地掌控自己的人生！自律给我自由！真正的自由不仅仅是想做什么就做什么，还有不想做什么就不做什么的自由！按自己的意愿过一生！努力活成自己想要的样子！越努力，就越是拥有选择的自由和更多说“不”的能力！

只在时光里，留下走心的回忆

时间带走我们很多记忆，沉淀下的，都是走心的回忆。

——钟华清

一天晚上，我处理完手上的工作，已经快凌晨两点了。夜深人静，全身疲乏。

我以为肖老师早已进入梦乡，因为第二天他还有自己的工作。没想到，他还在等我。见我忙完了，立刻倒了一杯温开水给我，“喝点水吧，看你忙了那么久，连口水都没有喝……”

我甜蜜地望着他：“你居然这么关注我，还知道我现在有些口渴？”

他得意地笑了：“现在知道我对你有多走心了吧！”

我点头，逗趣地说：“不错不错，快过来，奖励你一个抱抱！”

当时，我的内心满是感动与幸福。他为了等我，自己也没有早早去睡觉。一个人对另一个人是否走心，不就体现在这些生活细节上吗？我想起之前看过的一个小故事：

男孩陪女孩逛街，路过一家首饰店。女孩看中了一只手镯，目不转睛地盯了很久。

男孩问女孩："你喜欢那只手镯吗？"

女孩点头说："喜欢。"

男孩说："喜欢就多看一会儿吧！"

于是，两个人从白天看到晚上。

女孩终于忍不住问男孩："为什么我喜欢，你却不给我买呢？"

男孩回答："我现在暂时买不起，所以我只能花时间陪你看，随你看多久，我都陪你。"

女孩有些感动，眼中泛着热泪。

很简单的一个故事，甚至听起来有些讽刺，但是却浅显地表达了一个爱情真谛：真正爱你的人，即使买不起你想要的东西，即使没有为你花太多钱，但是他们愿意为你花心思。

一个愿意为你花时间和精力的人，一份走心的真情，是所有女人都梦寐以求的吧！

人生短短几十年，有苦有甜，每一天，都应该是顺从内心，每一刻都应该真心实意。时光犹如流水，带走很多记忆，而沉淀下的，都是走心的点点滴滴。

"走心"这个词近来很火，用处与含义也各有不同。古语有言：亲疏皆危，外内咸怨，离散逋逃，人有走心。此"走心"意为离心、变心。而随着时代变迁，"走心"的意思早已不再拘泥于此。我所认为的"走心"，其实更多是用心、是诚信、是诚恳。

诚恳做人，就是懂得尊重身边每一个和你打过交道的人，然后真诚地去对待别人，即不高攀，也不依附别人，更不要瞧不起任何一个人。

很多人可能会说，自己要发展人脉，或者以自己认识多少人而引以为傲。我却认为，你认识多少人不重要，多少人认识你、认可你，这才是最重要的。

你耗尽脑力，不断去挤圈，去花费很多的时间，用来攀附高层，不如独善其身，让自己成为一个可以发光发亮的人，自然而然，你想要的圈子，你想认识的高级人士，就会吸附在你身边。所以，与其去挤圈，不如独善其身，去好好地经营自己，然后认认真真去帮助任何一个跟你有过交集的人，去做好当下的每一件事情，不要投机取巧，也不要耍油头。

做事业，同样需要走心。你认认真真地付出，全心全意地做事，诚诚恳恳地经营，时间终究会给你想要的一切。现在人们推崇的都是“良心企业”“诚信为本”“合作共赢”。而那些投机取巧、欺骗消费者的企业，迟早会被淘汰、被厌弃。

前不久，我应朋友之邀参加了一个活动，席间有一位男士自称是“恋爱培训师”，自诩在教人恋爱这件事情上颇有心得。可是，在他滔滔不绝讲述自己的“恋爱秘籍”时，我却只注意到他油腻的头发和不断怂恿别人加他微信购买课程的样子。

我很想说，他不就是一个变相的“微商”吗？

所谓“恋爱培训师”，不过是一种噱头，他自己是不是单身还不一定呢！而且，无论看外表还是听他说话，都没有真正的“大师风范”，反而浑身散发着庸俗的气质。

虽然他信誓旦旦地拍着胸脯保证：如果上了他的课程，就一定能够顺利脱单。可又有几个人会真正相信呢？这就好像一位职业培训师说，上了他的课程就会成为下一个马云一样。

这个世界本来就充满了套路，可并不是每一个种套路都有效果。

谁都知道，不着边际地胡言乱语很容易，切合实际地做事情却要付出大力气。虽然踏实做事需要下功夫，但是要想有所收获，却不能信口雌黄。我们身边就有很多这样的事例，信口开河，可逞一时口舌之快；老老实实地做事，一刻钟也不敢浪费，看起来很辛苦，但是最终取得成绩和成果的，却恰恰是这些辛苦的人。

胡言乱语，虚张声势只有害处，老老实实做事才是我们应持的正确态度。

有人说我有时不够聪慧，其实我只是不喜欢用心计、耍精明。

孔子曾说：“巧言令色鲜矣仁。”我不喜欢花言巧语，只喜欢听从内心。无论是在职场，还是在日常，无论是对亲朋好友，还是对素不相识的陌生人，都要真诚相待，用己真诚，换他人真心。待人要诚恳，做事要踏实。

↓钟华清心语↓

在生活中，尤其是创业生涯中，总会有各种各样的困难和挫折，但是一定要保持好的心态，做好自己，诚恳做人，踏实做事，这样才能扎扎实实地提升自己。

富而不骄，华而不傲

越是厉害的人，就越是表现得谦虚和低调。

——钟华清

《菜根谭》里有这样一句话：“地低成海，人低成王。”

一个“低”字却闪耀着智慧的光芒，演绎出深厚的人生境界。我们身边那些成就大事业的人和沽名钓誉的人，真正有实力的人和故弄玄虚的人，区别就在于为人谦卑或骄傲。

在古人眼中，富有但不趾高气扬是很少见的。不止是阶级思想严重的封建社会，在这个人人平等的现代社会，也不乏富贵而骄、奢华傲慢的人。而我认为，一个有素质的人，一个高品质的人，应该做到富而不骄、华而不傲。而要做到这一点，就需要具备谦虚、低调的品质。

谦虚是一种高尚的品德，人生而平等，何必要分高下，待人无须有贵贱之分。

真正低调是一种无欲则刚的力量，是一种阅过人生后的醒悟，更是一种忍耐与豁达。

高山从来不会在众人面前夸耀自己的巍峨，可是并不影响它耸立在云端；大海从来不解释自己的深度，可是并不影响它容纳百川；大地也从来不诉说自己的厚度，可是没有谁能够取代她孕育万物。所以，懂得谦虚为人，低调行事的人，无论南北东西、寒暑酷冬、高低上下，都能够拥有属于自己的天地。

当你与那些真正厉害的人接触之后，你才会发现，只有谦虚空杯的心态，才能产生真正的营养。你应该让自己时刻处于空杯状态，就像空杯子一样，不断倒出，不断盛满，才能拥有更多的东西。只有将自己归零，才能持久保持不减的激情，才能时时跃升。生命在此刻重新打开，一切都是崭新的开始，你可以在空白处写下任何故事。

年轻时的我，不像现在这样平和，反而有点心高气傲，得理不饶人。不过，随着时间的流逝和经历的增长，尤其在成为妻子、成为两个孩子的妈妈之后，我开始变得柔和起来。可能是因为爱与责任，也可能是因为自己的眼界慢慢打开了。

现在我深刻地明白到，越是厉害的人，就越是表现得谦虚和低调。

或者他们会在某些情况下，很高调地去做事、去亮相、去出席活动。但是回归本真的时候，依旧会收敛起自己的光芒，低调而谦逊。这些都是宝贵的人生智慧，时间会让你明白，只有让自己谦卑，让自己的心沉下去，才有可能吸引到更多高能量人士。

那些真正懂得谦逊处世、低调行事的人，总是高深莫测，不显山也不露水，总是默默地付出、默默地耕耘，甚至在获得极大的成功之后，仍然埋头做事，而不喜欢张名扬利。事实上，做一个低调而隐忍的强者并不难，有时候甚至比做一个张扬的人更加简单，关键是要忍得住寂寞，经得起繁华。谦虚的人懂得怎样尊敬、包容别人，万事万物盈虚有数，就像夜空中的月亮一样，阴晴圆缺不定，做人也是一样。

人生是一场盛宴，不能因小小的成绩就得意忘形。尤其是当我们还年轻的时候，生活、事业都刚刚起步，我们还需要进步，要学会保持空杯心态，勇于放下，这样才能取得更好的成绩，才能在今后的道路上走得更稳、更远。

在很多商业活动中，也会看到这种现象：有的人明明很优秀，读的是名校、收入颇丰，可说到自己的时候却往往使用“不才、愚钝、侥幸”等过度自谦的词语，让听到的人感觉很不舒服。其实，这种谦虚的自我表达属于社交礼仪的范畴，适当放低姿态，可间接抬高对方，表达对他人的重视，又体现自身的修养。但是，过于自谦，就给人一种讽刺意味。我们不能靠将别人踩在脚下来抬高自己，同样，也不能将自己踩得过低，以衬托他人。

如果太骄傲太自满，盛极而衰，最终灾祸临头悔之晚矣。反之，如果太谦虚礼让，造作虚伪，也会给人留下虚伪不实的印象，这就是过犹不及的道理。因此，谦虚也要有度。

如果将人生比作一座花园，那么，每个人都是花园里含苞欲放的花朵，人与人各有不同，有各自不同的芬芳，无论是玫瑰、茉莉、兰花还是郁金香，都拥有盛放的可能。当自己绽放的时候，不要自满，也不要过谦。永远在心中存一分谦让，一份自信，并且，让它们像养分一样在内心发酵，给自己一个盛放的未来。

我不是“富二代”，不是“官二代”，不是“星二代”，但我富而不骄，华而不傲，我无意高调，也不喜欢低至尘埃，我只喜欢做真正独立的自己，绽放自己的美丽！

↓钟华清心语↓

你应该让自己时刻处于空杯状态，就像空杯子一样，不断倒出，不断盛满，才能拥有更多的东西。只有将自己归零，才能持久保持不减的激情，才能时时跃升。

取悦自己：好好挣钱，好好花钱

钱只有花出去了才彰显了它的意义。

——钟华清

人生在世，谁也无法摆脱与金钱的纠葛。上班的人在乎工资，创业的人注重效益，赚取金钱是人们工作、创业的目的之一。我也不例外，与事业不断进步相伴而来的，是不断增长的物质财富。这是人的正常需求，只不过，不同的人拥有不同的金钱观。

我一直秉承“女人会花才会赚”的消费理念，因为金钱一定不是省出来的，而是赚出来的，你与其花时间去抠抠地过日子，不如把时间和精力放在“如何去赚更多金钱”上。比如你一个月是一万的工资，你再怎么去省，也最多只有一万，但是你把时间用在怎么去赚五万、十万上，那么你花掉一万、两万，你还是会有节余的。

女人有必要掌握和金钱有关的消费观，这里我想推荐两本书，一本是《前任跟你想的不一样》，另一本是《金钱的灵魂》。这两本书非常好，也是我一直会花时间去读的书。只有建立对金钱正确的认识与观念，你才能拥有一个很正确的消费观念——所以你必须相信自己，花才是赚的动力，越会花才越会赚；花得越多，才会赚得越多。

然后你才会过得上自己想要的生活，自己理想中的品质生活。因为品质生活不是空口无凭的，而是需要你拥有正确的消费观念，拥有不断赚钱的能力。

生活并不会等到我们有钱才到来，恰恰相反，它每一天都在流逝，我们一定要取悦自己，好好挣钱，好好花钱。钱进钱出，钱只有花出去了才彰显了它的意义。

每个人都离不开金钱，但如果把金钱看得过重，就必然为金钱所累，被金钱牵着鼻子走，成为金钱的奴隶、俘虏。

我见过很多人，也听说过很多人，因为忙于事业，放弃家庭，牺牲健康，忽略妻儿，只为了赚取更多的财富，拥有更高的地位。一路打拼，非常辛苦，最终他们真的拥有了更多的财富，可是却失去得更多：幸福的家庭，健康的身体，和谐的亲朋关系，甚至是最基本的人格底线……这样的人生，我认为是十分可悲的，正如美国第一位亿万富豪洛克菲勒说的："如果一个人每天醒着的时候把时间全用在为了钱而挣钱上面，我不知道还有谁比这样的人更可鄙、更可怜的了。"所以，我们要当金钱的"主人"，不要成为金钱的"奴隶"。

一个明智的人，不是视金钱如粪土，也不是为了挣钱无所不用其极，而是采取一种淡泊的态度，无论钱多钱少都不应影响自己的追求，不影响人生的态度和工作热情，始终保持自己应有的本色和气节。我不能说，我不爱财，但是君子爱财，取之有道。

一定程度上，赚钱是一个人能力的体现，我也希望通过财富的累积，证明自己的独立以及价值。但是，我一直牢记，钱够花就行，所以金钱对我造成的压力，并没有那么大。

取财有道，同样用钱也要有道。面对金钱要有理智的心态，支配金钱，也要有正确的态度。很多女孩子喜欢追求名牌服饰、包包、首饰、化妆品等。在我看来，女人不能没有这些，但是也不能一味追求这些。我会定时为孩子、爱人和自己添置衣物，也会备几个体面的包、首饰，根据不同场合进行搭配。但是，我更注重的，是为健康、知识的投资。

健康，是财富、美貌、人脉等一切的基础，拥有健康，才有拥有其他美好的条件。我坚持每天做运动，做艾灸，就是为了保持身体良好的状态；我会定期带家人和自己做体检，也会为自己的健康买保险，在我眼中，这些是必须做的投资。

健康第一，学习第二。做女人，一定要做一个值钱的女人，而不是只会赚钱的女人。我坚持把大量的钱花在投资自己上，尤其是把钱花在提升自己上，最有价值。我会定期阅读，丰富自己的专业知识；参加不同的培训，请教行业中的精英、大咖，以汲取更多的营养。

除此之外，偶尔会带着孩子去一次高档餐厅，陪爱人去看一场新上映的电影，听一场音乐会，与家人一起出去旅游，约朋友一起去做美容，弄发型，和伙伴一起聚会……前不久我又付了一笔车辆购置税、一笔保险，那短短的两天，花了快两百万。自然，我不会每天都这么“一掷千金”，但是需要的消费，我不会心疼。

我始终认为，一个懂得取悦自己的人，挣钱的能力都不会太差。一个人只有开始爱运动，爱读书，爱梳妆打扮，爱享受生活，才会爱挣钱，这永远是一个良性循环。

↓钟华清心语↓

不断地改善人们的物质文化生活条件，让人们在不影响他人和社会的前提下，健康消费，充分享受生活的乐趣，是社会进步的体现。我不是守财奴，该花的钱一定要花，一个会花钱的人，比一个只会赚钱的人要厉害很多。

像男人，像女人，像孩子

我很幸运，也很骄傲，既可以小鸟依人做肖太太，也可以自力更生做帮主，还可以单纯地做我自己。

——钟华清

新时代女性从几千年旧思想的茧壳中破茧而出，被赋予了多重全新的角色。

我十分欣赏这样的女人：既有现代气息，又具有传统美德；既时尚典雅，又具文化内涵；既大胆开拓，又柔情似水；既蕴藏着事业上的冲劲，又拥有生活上的美好追求。活得洒脱，活得现代，虽然很辛苦，但她们能成为社会的精英，时刻彰显现代女性的魅力。

我对自己的要求没那么高，只想在工作中像男人一样，做自力更生的帮主；在家庭中像女人一样、做小鸟依人的肖太太；在生活中像孩子一样，享受纯粹的快乐！

职场上流行这样一句话：女人当男人用，男人当牲口用。

女人，想要在能力上得到认可，就要忘记自己是女人，要像男人一样去奋斗。

我身边很多女性朋友，都是很自立的人，老公赚的钱足够一家开销，可她们依然还是坚持去工作、去创业，也有和我一样做起了微商。我们在一起交流过，赚钱是其次，更多的只是不想将来有一天和老公的差距越来越大，自己无所事事，把所有的心思放在老公孩子身上，一天到晚围着灶台、商场转。这样，圈子越来越小，人脉越来越少，越来越没有独立性，变得失去自我，没有想法。这样，既容易胡思乱想，也不利于家庭和谐。

对于我来说，做微商当然也不只是为了赚钱，也不只是要提升自己、证明自己的价值，不只是要继续保持一份女性该有的独立、优雅。我是真的要去做一番事业。既然选择了创业，那么就不能小打小闹，不能留有后路，不能“适可而止”。

现在，我每天都要处理很多事情，经常要熬夜到一两点才能休息，第二天早上又要准时起床。家人曾劝我，没有必要这么拼，没有时间就第二天处理。但是第二天还有第二天的事情，严格的自律，这是我对自己的要求，也是不遗余力去奋斗的必备条件。我十分自豪，我做到了像男人一样去奋斗。我家肖老师也很骄傲，他的老婆在如此努力地做自己的事业！

有人说，做女人可以没有爱情，但是绝对不能没有事业，在她们的观念中，安全感是自己给的，只有自己靠得住。我见过那种职场“女魔头”，雷厉风行、无所不能，无论是工作还是生活，都十分强势，自己就是个男人，男人对她们来说，似乎就是多余的。

我并不想做这样过于刚强的“女魔头”。我认为，在生活中，女人，还是要像个女人。做女人就要做有魅力的女人，有气质和有内涵的女人，做善解人意的女人，做通情达理的女人。

在生活中，女人衣服要漂亮时尚，吃饭要细嚼慢咽，说话要温柔，走路要曼妙多姿。学会撒娇，学会关心自己，学会放松，学会打扮，定期做美容护理，防止被工作累成黄脸婆。

回归家庭，也要用心经营。虽然相夫教子听起来有些封建，但是女人就应该有女人的本分，相夫教子，也是其中之一。我有一个刚结婚的女性朋友，妈妈亲口对她说，“如果将来有一天，因为你不做饭而发生矛盾，你就算受了委屈也别回来！”听到这样的话，不免有些吃惊，都21世纪了。竟然还有家长这样要求自己的子女。但是转念一想，一个母亲，是在提醒自己女儿身为女人，就要有女人应有的责任。现在很多女孩子不会做饭，那么，在生活的其他方面就要多付出一些。比如，多关心丈夫，多照顾孩子，多孝敬父母。

我觉得像女人一样生活，就是活出自我、活出快乐、活出精彩、活出洒脱，处处彰显出女人的味道，散发着女人的香气。

当然，女人也要像孩子一样享受快乐。听说，孩子每天可以笑400次，而成年人却只有15次。这说明，孩子更容易感到快乐，更容易享受当下。成年人的世界，充满了忙碌、纷争、烦恼，很多人没有时间去享受当下生活的乐趣与快乐。我们行事匆匆，很美好的事物，都被忽略、被无视，甚至被破坏。这也是我在有了孩子之后才更为深刻的感受。

在孩子的世界里，一切都是新奇的、美好的。一块积木，他们可以玩很长时间，在房间里跑来跑去，就能开心得哈哈大笑。

如此天真烂漫，又如此轻松自在。

其实，我们也有很多值得开心的事情，而孩子们更懂得如何度过快乐的时光。所以，让我们像孩子一样，少一些复杂，多一些纯真，给自己充分的时间，去享受生活的快乐。

我很幸运，也很骄傲，既可以小鸟依人做肖太太，也可以自力更生做帮主，还可以单单纯纯地做我自己。

↓钟华清心语↓

作为一个女人，我们既要忙自己的事业，又不失女性传统的美德。在工作中，不断地完善自己、充实自己，为思想“充电”，做一个有智慧、有思想的职业女性；同时，在生活中，也要贤良淑德，懂得体贴男人，懂得教育子女，经营好自己的生活；另外，也不要忘了，忘却一切烦恼，单纯地像个孩子一样，去享受人生。

就算是维持现状，也需要继续努力

年轻时，不拖累生你的人；年老时，不拖累你生的人。

——钟华清

人生如逆流，你或我，不过是一叶小舟，不进则退。

生活经常会掀起惊涛骇浪，弱小的我们如果不够努力，就会变成受打击的那个人。在工作及创业中也是如此，会有努力的方向与目标，也会遇到各种阻力与挫折，如果不够努力，自然会被淘汰，哪怕只是想维持现状，也需要继续努力。

无论你现在做什么工作，从事什么行业，都应该努力成为最出色的那个人，因为这个时代只会记住第一，而不会记住第二。正如看比赛时，人们的目光往往会聚焦在冠军身上，而亚军往往受到冷落；正如人们都知道第一个登上月球的人是阿姆斯特朗，可是第二个、第三个登上月球的人是谁呢？恐怕很少有人知道了。

在这个世界上，所谓的天才不过是比你有天赋的人，比你还努力。每个人天生都是平凡的，没有人可以不经过努力就获取成功的。从平凡到优秀，再到卓越，我们需要做的，仅仅是每天进步一点点。每天都进步一点点，它具有无穷的威力。所谓“量变引起质变”，别小看那微不足道的“一点点”，日积月累，“一点点”就会变成大进步。若干年后，会发现自己已经脱胎换骨。

“物竞天择、适者生存”，达尔文的名言揭示了个体生存的必然规律。

现在的社会，是个竞争日趋激烈的年代，我们必须坚定自己的信念，不断地努力，才能不被社会与市场淘汰，将命运牢牢掌握在自己的手中。

我之所以努力健身，让自己更健康、更美；不断学习，到处旅游，增长见识；提高能力，强迫自己去多赚钱，其实不是因为有多么远大的抱负，也不是为了给自己增加更多的资本。女人创业，很少有人要收复河山，更多是生怕自己浑浑噩噩、破罐破摔，最后被社会淘汰。那样的话，我们的生活不是越来越好，而是每况愈下。这在我看来，是不被允许、不能忍受的，我要精致、精彩地过好每一天。即使每天只是进步一点点，对我来说，也是非常可贵的收获。

其实，每天进步一点点就已经足够。在通往成功的道路上，每天前进一点点，就是稳健而持续的前进过程。只要是在前进，无论前进的幅度多么小都无妨，但一定要比昨天前进一点点。也许昨天的我也曾努力前进，并获得可喜的成绩，但今天的我必须超越昨天的我，更加进步、更加充实。

新时代还讲究“快者为王”，你不仅要每天进步一点点，还要学会快人一步。

拿破仑曾说：“我的军队总是能够取得战争的胜利，那是因为我的士兵总比敌人早到五分钟。”如果能够比别人快一步，就能够更早地发挥自己的优势，哪怕只是快五分钟，也能够最大程度地靠近成功。现代社会竞争越来越大，谁能成为时间的主人，谁能比别人快一步，把时间的功用发挥到极致，谁就拥有了行动的主动权。

思科总裁钱伯斯提出一个著名的“快鱼法则”，他在谈到现今经济的发展规律时说道：“现代社会的竞争已经不再是传统的‘大鱼吃小鱼’，而是‘快鱼吃慢鱼’。”

如果你是一条“慢鱼”，就必须从现在开始加快自己的速度，否则只会被身边的“快鱼”吞食。想要获得进步与成功，就要学会快人一步。那些能够将竞争者“挑落马下”的人，其实并没有什么绝招可言，他们只是在竞争者出手之前，在时间上比竞争者快了一点而已。

在商品经济的大潮中，竞争无处不在，而竞争也是摧毁惰性的外在压力。

创业者，必须具有竞争意识，给自己施加压力，迫使自己充分发挥聪明才智和创新精神，百折不挠地去奋斗，去赢得胜利。未来的竞争会更加激烈，要在这个充满竞争的社会立足，唯一能够做的就是时刻保持“充电”状态，获得更大的进步，有步骤、有计划地规划未来。

我对自己的人生要求是：年轻时，不拖累生你的人；年老时，不拖累你生的人。

所以，女人都别矫情，好好奋斗吧！什么女人危机、中年危机！最大的危机是在该奋斗成长的时候，你没有努力，原地踏步，把所有的希望寄托在别人身上。我身边的很多朋友，和我一样，独自带着孩子，还一直在努力让自己更好！千万别以为，淡泊名利就不用去奋斗。千万不要停滞不前，完全放松，因为在这个时代，仅仅是维持现状，也需要不断努力。

↓钟华清心语↓

“逆水行舟，不进则退”，这句话在教育行业应用得非常广泛。多用于教育孩子，好好学习，天天向上。我认为，这句话不仅适用于教育孩子，同样适用于在工作与创业中的我们，时间如同东流水，每个阶段我们都要有努力的方向以及要完成的目标，也许会遇到不同的困难，会有不同的阻力，如果不求前进，便只能后退。

内在的自省，是你坚持的根

内在的自省，是你坚持的根。

——钟华清

这些年，我养成了一个好习惯，就是每天自省。

晚上处理完繁杂的事情后，我会躺在床上，闭上眼睛，在脑子里过一遍白天发生的所有事情。有哪些做得好，哪些做得不好，哪些需要改进，哪些需要避免……

第二天醒来，我会根据前天晚上的总结，以及今天的规划，调整自己做事的方案，甚至是说话方式、态度等。

这在我看来，是非常重要的一件事情，也是我必须一直坚持下去的事情。无论忙到多晚，这件事情不能省去。因为我相信，内在的自省，是我坚持做好一件事的根本。

曾子曰："吾日三省吾身"，曾子可能是我国古代第一个对自我反省有深刻感悟的人。西方哲学上的经典三问：我是谁？我在哪里？我在做什么？也值得我们随时思考。

“我是谁？”你这样问自己，然后再回答“我是……”

通过这种自问自答的方式帮助你更好地认识自己，了解自己在学习与工作中所扮演的角色，这种认识在心理学上称为“自我暗示”。

接下来问自己：“我要在哪里？是不是在自己一直想去的地方，是不是拥有自己想要的生活。我的身边都是谁，他们在我的生命扮演着怎样的角色。”

最后问自己：“我每天在做什么？”这并不是说自己手上没事可做，而是对自己一天所做的事情胸有成竹，知道自己一直在靠近目标，而不是一只为了生活而低头拉磨的驴。

在我看来，自我反省并且总结，是一种出众的能力。这种能力，就是检查自己的思想行为，总结其中的错误，然后进行自我批评、自我改错。自我反省，是认知自我的能力，更是一种学习能力。尤其是对创业者来说，反省的过程就是学习的过程。

创业是一个不断摸索、不断犯错误的过程，在创业中进行反省，正是认识错误、改正错误的大好时机。有没有自我反省的能力、具不具备自我反省的精神，决定了创业者能不能认识到自己所犯的错误，能不能改正所犯的错误，以及是否能够不断地学到新东西，取得进步。

自我反省，还能让我们更好地看清现实，懂得适时放弃，而不是盲目地坚持。

虽然创业需要像“傻子”一样去坚持，不能轻言放弃，不能半途而废，可自我反省却教会我们做出更加明智的选择。在追求梦想的过程中既要懂得坚持，也要学会放弃一些东西，因为前进的方向错了，就算付出再多努力，也不可能到达目的地。

我曾经听一位成功学大师说过：“做决定要懂得坚持，也要懂得放弃。如果坚持是一种坚韧的毅力，那么放弃就是一种开明的智慧。”虽然以往的经验都在告诉我们，要坚持一下，再坚持一下，可是很多不明方向的坚持，却是一种盲目。

一个善于自我反省的人，往往能够发现自己的优点和缺点，并能够取长补短，发挥自己的最大潜能，生活中，处处都是提高自我的机会。坚持发自内心的自省，你会发现，生活多快乐，人生多美妙，会感恩自己、感恩家人、感恩身边的每一个人。

↓钟华清心语↓

在生活中，需要反省的问题并不比工作少，对家人、对朋友、对孩子，是否做到了尽职尽责，对自己是否足够友好？对别人，是否存在态度、语言、行为及其他问题？反省，是为了让生活更加美好，记住反省的时间最好是晚上睡觉前，可以带着微笑入梦，对明天的状态十分有益！

让美好的将来，可期可遇

不畏将来，不念过去！你走的每一步路，于未来，都绝对算数！

——钟华清

我记得之前看过柴静的一本书，里面有一句话至今记忆犹新：“我们一直赶着向前，却早已忘记了当初为什么出发……”时间始终向前，无情且不可逆转，人却在时间里变了。

回想过去的自己与现在的自己，确实变了很多，失去很多东西，也得到很多东西。

每个人都有不快乐的时候，很多不快乐却和“当下”无关——有的人总是怀念过去的点点滴滴，有的人总是幻想着不切实际的未来，他们都忽略了现在，当下的美好时光。

人生不断前行，无论到生命的哪一个阶段，都应该全心去热爱那段时光。因为生命途经的每一程，都是不可复制、不可逆转的，脚下的每一段路，都留下了独一无二的色彩。

我们能做的，就是不沉迷于过去，不懈怠于现在，不戚戚于未来。如此，安好！

母亲时常会对我说："不必烦恼过去的事，昨天的太阳，晒不干今天的衣服……"

过去只是时光的留影，就像泛黄的老照片，记录着你的过往，你的喜怒哀乐。可永远也不可能再回到过去，去重新选择，重新经历。

有的人喜欢怀旧，过度沉溺于过去无法自拔。他们后悔当初没有努力，后悔没有勇气去表白，后悔没有听父母的话，后悔没有选择更好的工作，后悔没有抓紧青春最美好的时间去奋斗。感叹如果过去的自己足够努力，那么或许现在的生活就会是另外一番光景。

但是，过去的已永远过去，一味地耿耿于怀，只会徒增烦恼，浪费感情，将眼下的时光，也挥霍成了将来会后悔的过去。佛说，那些失散的人，终有一天会在月下重聚；那些错过的事，终将以另一种方式得到补偿；世事洪荒，苍茫万里，走过了便山明水秀，云淡风清。

谁不是一生匆忙，韶华只在弹指间呢？生命哪里有那么多时间，交付给那些回不去的过去？泰戈尔不是说过吗？当你为错过太阳而流泪时，你也将错过群星了。

你以为沉湎于过去，很有诗意，时光却会将你抛掷在身后，一往无前。

未来也是未知的，就像一幅等你来描绘的蓝图，你可以肆意挥洒色彩，让自己的想象力发挥到极致，也可以若无其事地孤独，山长水阔，任凭你驰骋。然而，这些都是具有不确定性的，人们面对未知，仍旧会恐惧、害怕，特别是体会到生活的艰辛之后。

年少时，我们对未来有着许多憧憬，充满美好的愿望。那时未来是那么的活色生香，面对未来，我们也无所畏惧，甚至胆大妄为。可经历了工作的不顺，创业的艰辛，生活中的磕磕碰碰，经历过被嘲笑、被奚落，我们开始变得成熟，变得谨慎，变得胆小。回望来路时才发觉，我们的脚步开始越走越慢；面对未知的未来，我们的脚步也不再坚定。

无论未来在你眼中多么美好，抑或是充满了恐惧，你只能望而兴叹，只能杞人忧天。

以前，我在大学校刊上读到过一个故事。

在国外一所大学的课堂上，老师问学生："你们认为，一生中最重要的是哪一天？"

有人回答，是出生那天；也有人回答，是结婚那天；还有人回答，是过世那天。

老师却指正说："是今天！因为我们拥有的最宝贵财富就是今天，过去已经成为历史，未来又只存在于幻象中。不管过去多么让人怀念或难过，都像沉入海底的船只一样，不可能再复原；不管明天有多么艰难或不幸，都还没有到来；不管今天多么平常无奇，都会在我们手中闪闪发光。"

这样说来，我们的人生也仅仅拥有此刻而已。如果你总是将时间和精力耗费在已成定局的过去或者未知的未来，却荒废了当下的一切，那你就永远无法得到真正的快乐。

一个人的命运永远掌握在自己手中，你想成为一个什么样的人，想过什么样的生活，是否改变，什么时候改变，都完全取决于你自己。只要你想成为一个有价值的人，什么时候开始都不晚。当你强烈地知道自己想要什么的时候，所有的一切都会为你准备。我有时候想，为什么表盘是圆形？后来，我明白了，当你站在一个圆中，每一刻都是起点。哪怕这一刻的时间错过了，也不要因为沮丧停下脚步。继续向前走，你可以随时选择出发。

从开始创业到现在，经历了很多，也有不少感触，我不敢说自己有多少成功的经验，只是以一个过来人的角度来阐述一些我认为对的事情。对于我的未来，我十分坦然。一路走来，我不畏将来，不念过去！只要坚持努力，不断进取，接受那些不能改变的事实，改变可以改变的事情。美好的未来，终将可期可遇。

↓钟华清心语↓

佛家一直劝世人要“活在当下”。什么是“当下”呢？我认为，就是我们现在正在做的事情、正生活的地方、正拥有的朋友和生活。人生最好的状态，就是不困于情，不乱于心，不畏将来，不念过去。

跋：最美好的遇见

1. 最美好的遇见

佛说，世间的缘，无论聚散离合，都是前世的定数。

我能遇见贝贝，肯定是我上辈子回眸了千万次，才见她于茫茫人海之中。我认为，这是世间最美好的遇见，所以常怀感恩之心，感恩遇见，也感恩美好。

贝贝是一位美丽优雅的女人，在事业上又栉风沐雨，始终从容不迫，与我并肩同行。有时我会幻想，贝贝和我是两位身披铠甲的女战士，在狼烟四起的商场上浴血奋战。我们的默契度很高，在团队决策或处理团队问题时，她的想法总能与我不谋而合。

一次，我开玩笑说："你这么懂我，可惜不是男人，不然我可以让你做我的小情人。"

贝贝捂着嘴笑："不能做你的小情人，可以做你的好闺蜜啊！"

四年了，从相识到相知，再到惺惺相惜。我们一起面对事业上的风风雨雨，互诉生活中的喜怒哀乐。在事业受阻之时，她站在我的身旁，与我商量对策，给我前行的勇气和力量；在我伤心难过之时，她默默地陪伴，给我温暖的拥抱，带我出去放松……

我说：“贝贝，有你真好。”

贝贝说：“也是你，让我感觉不再孤独，不是一个人在战斗。”

易灸灸是我和贝贝的“缘”，就像一根线将我们牢牢拴在一起。我们一起做易灸灸，一步步走向成功，也帮助很多女性找到了自我定位，让她们勇敢走出家庭，做自己的事业。

我今年讲了一堂课《如何运用女性能量做生意》，其中我和贝贝相互扶持的故事和深厚的情谊，让很多女性听完后潸然泪下。我想，女性生来就是孤独的，所以才需要找到生命中的爱人与朋友，才需要被理解、被支持、被关爱。同样的，女人也需要学会爱和给予！

贝贝写过一句签名：“当女人感到自己不再孤独的时候，她就变成了战争女神雅典娜。”

我觉得，她就是女神雅典娜。她美丽、勇敢、正义，为爱而战。

遇见她，是这个世界上最美好、最幸运的事！

2. 永远“在路上”的女子

最近很流行一句话：“太阳底下没有新鲜事！”

我相信，在资源共享时代，你所遇到的 99% 以上的问题，都已经有人解决过了。你要做的就是找到她们，学习她们的经验，而非自己苦思冥想，把自己关在思维的小房间里，不断做无谓地尝试，那样付出的时间和精力成本实在太高了，一点也不明智。

2018 年，找对人，做对事，非常重要。

我想，我对于她而言很重要，她对于很多人而言很重要。她就是钟双双。

一位 90 后女生，拥有两个孩子的辣妈，永远“在路上”的女子。

刚开始做易灸灸时，她怕易灸灸卖不出去，就像所有刚踏上征程的人，对于未知的远方有无限憧憬，也有犹豫彷徨。后来，她希望做易灸灸一个月能赚到 1500 元也行，小小的目标，轻而易举地完成了。之后的路，起伏跌宕，但她始终坚持，像马拉松运动员一样。

现在，她做易灸灸年收入在 200 万元左右，终获成功。

她的成功，不仅仅是收入上的增长，还有她的格局、视野和情商。

一位女人从封闭的家庭中走出来，见到的是更加广阔的天空，是对未来的向往，是一条充满荆棘和惊喜的路。她永远“在路上”，不是在补货的路上，就是在卖货的路上。她的拼劲和闯劲，我服！

做易灸灸这三年，她一路走来，一步一个脚印，从温柔的小女人，到霸气的董事长。她实现了财富的裂变，从最初的月入千元，到现在至少月入十万；也实现了自我的蜕变，个人能力得到了提升，团队管理经验愈加成熟，现在是上千人代理团队的老大。

她在事业上越挫越勇，顺风顺水。她的家庭也和谐美满，夫妻关系和婆媳关系越来越棒。

女人，不就是在变更美、更富、更有才的路上，让自己变得无可替代吗？

钟双双做到了，你也能做到。

3. 小嘎鹅是个“女疯子”

小嘎鹅是易灸灸最高级别的合伙人之一。

我认识她只有 38 天，对她的印象却十分深刻。在我眼中，她就是一个“女疯子”——别人不敢做的事，她敢做；别人不敢说的话，她敢说！永远是一副无所畏惧的样子！

2018 年 3 月 28 日，她加我买馒头，备注是“曹老板的朋友”。

我瞬间记起来了，之前发在朋友圈里那些发霉的馒头，就是在她家买的。当时，我在她家买了 5 盒馒头，然后就去中国中医科学院参与培训去了。母亲忘记将那些馒头放进冰箱，三天后它们全部发霉，长了一层绿绿的斑点和绒毛，看起来像恶心而丑陋的“盆景”。

我回家后，却兴冲冲地拍了几张高清照片，然后发朋友圈“打广告”。

她加我微信之后，我天天关注她的朋友圈，也对她有了一定的了解。

她 2015 年 8 月 22 日开始做微商，那一年通过微商她挣了 5 万元。

2016 年 4 月，她月入 6 万，对她而言，手上有点钱了。

2017 年 6 月，在做易灸灸 22 个月后，她成为易灸灸最高级别合伙人，年收入突破 200 万。

2018 年 3 月，她突破月收入 50 万。

做易灸灸不到三年，她在盐城市买了两套房，贷款在泰国普吉买了一套房。

在这些傲人的数字背后，我觉得仅仅只是一个人努力的结果。那些冰冷的数字，究竟是如何被她的热情和努力捂热的，起初我压根没有兴趣。在见识过那么多从无到有、白手起家的故事之后，也晓得那几个关键词：学习、眼光、合作、承担，然后成为传奇。

她真正打动我的那一刻，是她带着爸爸去买车，实现了爸爸半生的愿望。

我看着她爸爸站在新车旁，一脸幸福和踏实的样子，瞬间被打动到了。

其实，她也就是一位 1990 年的女生，今年才 28 岁。我见过太多啃老族，别说 28 岁、38 岁，一辈子啃老都有。

或许只是因为，每个人过去的因缘不同，只能随喜这些朋友的福报。可是，如果没有这样的福报呢？愿意靠自己干净地努力挣钱，然后反哺父母的有几个人？

就在刚刚，我和小嘎鹅聊了 672 块钱的天。然后我发现，她的铠甲和软肋又岂止父母呢？这个“女疯子”做过的事情，可能是很多人不敢去想，更不敢去做的事情！

25 岁时，她怀孕了，月收入 3000 元的她，因为身体原因需要安胎，果断选择辞职。之后通过混宝妈群了解到，养娃的费用其实很高。她的家境不算富裕，如果一直赋闲在家，恐怕经济压力会很大。于是，她开始了解各种微商产品，希望日后可以一边带娃一边有所收入。

怀孕 35 周时，她开始做易灸灸。怀孕 38 周，甚至进产房时，她还在微信收账、发货、做客服。坐月子期间，她向 8 位朋友借了 8 万，加上陆姐、升总代的 5 万，她升了易灸灸 13 万官方。当时，她身边的亲人、朋友都说：“这个女人是疯了吧！”

毕竟，那时她月入 3000 元，从未见过 13 万长啥样。

我对她说："你肯定没有产后抑郁症！"

哪个女人生完孩子的头半年，不是"感时花溅泪，恨别鸟惊心"啊？孩子一丁点风吹草动都要哭上一鼻子，觉得自己给不了孩子最好的……

这可能是每位产妇必经的"愚蠢"阶段吧？

她却是我见过最丧心病狂的"女疯子"，她用实际行动实践着：与其在家抑郁，想着如何去给孩子更好的生活，不如豁出去闯一下！

因为这些"疯狂"的行动，她最终实现了逆袭。

她自己却很谦虚地说："女儿是我的福星，有了女儿之后，我的人生才更精彩！"

其实，大家心里都很清楚，哪位少女变成战神，不是因为生了一个娃，被扒了一层皮呀？只不过，她比普通的女人，更加笃定、更有责任心、更加疯狂！

这个比我小 8 岁，比我更加疯魔的"女疯子"的故事，我肯定会讲到老、讲到死。

她身上有一种"疯"的品质。这个世界也会因为她的"疯"而变得疯狂起来。

4. 穿越疯人院之陆萍姐

没有最疯，只有更疯的人，陆萍姐便是其中的代表人物。

鹅总考察了多个品牌，自己用了多个品牌，然后比较、选择……前后花了大概半年时间，最终才决定做易灸灸。陆萍姐却不一样，她的决定完全是自然而然的选择。

■贝贝和我

青春的梦想是一部连续剧，

很庆幸，

我演好了自己的角色，

实现了自己的创业梦想。

■钟双双和我

在这个讲究效率的时代，

片刻的迟疑都有可能让机会流失，

只有快速决策才能让自己站在决胜者的位置。

■嘎鹅和我

如果你是弱者，最大的敌人便是你自己；

如果你是强者，最好的朋友也是你自己。

■陆萍和我

当一个人的眼光放得足够长远时，

才不会只看到眼前的饭碗，

而失去人生的舞台。

■孙书专和我

成功关乎幸运、能力、才华，

但更离不开魄力和胆识。

蜕变的过程或许是艰难的，是痛苦的，但是结果总会给人惊喜。

■ Connie 和我

如果向往自由，就不要画地为牢。
当你推开窗的时候，才能拥有可以飞翔的天空。

■许连英和我

幸福不是被动地等待，而是主动地选择。

2015 年 9 月 9 日，鹅总发朋友圈的第 18 天，陆萍姐花 1180 元买了 10 盒易灸灸。

当天，她送给父亲 2 盒、朋友 2 盒，卖了 4 盒，剩下 2 盒带回家，当晚就贴了 1 盒。她患有多年的颈椎病，一贴便觉得挺舒服，心想着那就再买点吧！

第二天，她跑去银行转了 6000 元给鹅总，买了 60 盒。半个月，这 60 盒卖了一半，用了一半。

2015 年 10 月 4 日，她给鹅总打款 5 万元，直接拿下总代。

那时，她的月收入才 3000 多元，先生也不赞同，她依旧“疯狂”地借了 4 万。

我以为她借钱升了总代，接下来肯定会疯狂刷圈、出货吧，结果我错了。陆萍姐绝对是一位拥有飓风思想、暴风行动佛系心态的女人！

她依然是自用多于售卖。她说：“我颈椎不好，膝关节不好，还痛经，老公有肠炎，女儿也是痛经。一个月自己家就用 40 盒……”

从鹅总到陆萍姐，我也算看出来了，尽管都是女疯子，但疯的路数却不尽相同！

陆萍姐继续悠悠地发着圈、卖着货，半年后月收入才有个七八千的样子，她却很知足。在此期间，她的颈椎、膝盖、痛经，女儿的痛经，老公的肠炎都贴好了，这才是她的初衷。

又过了半年，她的月收入超过 5 万。

我常说：“我们花的钱就是走过的路、长过的见识，早晚挣回来。”陆萍姐就是这句话代言人。哪怕她拥有佛系心态，淡然处世，不与物争，依旧可以做好易灸灸。

去年，她最多一个月收入超过 7 万，月均 3 万以上。在赵雅芝代言易灸灸发布会现场，她还与不老女神合影。这下，她彻底火了，朋友圈炸开了花！

她激动地将链接转发至朋友圈，并附文说：“可以想象，一个同龄人，几乎熟悉她所有作品，可是她对我而言依然远在天边。有一天我和她站在一起合影，不是在演唱会现场，也不是电影首映，而是你代言的产品，我正好代理，而且做得很好！”

在这之前，陆萍姐在朋友中一直是默默无闻的。然而，每个女人都是活火山，都有爆发的一天，关键是看什么时候会爆发。

易灸灸撬开了她的火山一角，现在朋友们都觉得“陆萍还是厉害嘞！”

她的女儿更是这样认为！最初，她买了 10 盒易灸灸，女儿一脸的嫌弃，还说她“肯定被骗了”。而去年，她疯狂砸了几十万，成为易灸灸的高级合伙人，女儿和老公都一致赞成。

这期间，她用自己的行动和成果说服了女儿和老公，改变了他们的态度。

今年 3 月，她的月收入突破 10 万元。她依旧很低调地说：“收入多了，我仍旧是‘宅大妈’，不爱跳舞，也不爱麻将，就爱玩手机、写字、拍照、录视频，还有剪视频……”

她女儿却自豪，也很高调地说：“妈妈，你是同龄人中的佼佼者！”

我完全理解她的女儿，可能每个人都喜欢看别人疯狂，以慰藉自己的胆怯吧！何况这个人就是自己的妈妈。她是那样的优秀，足以让自己引以为傲。

在和平年代，我们大概没机会抛头颅、洒热血，平凡如我们，也没机会从事尖端科技，去改造世界，去拯救全人类。可是，生活里一点点疯狂、一点点任性，至少可以改变自己。

10天后，陆萍姐就50岁了。我想将这篇文章送给飓风思想、佛系心态的她。

我想对她说：“后半生，继续看你的，加油！陆萍姐！”

5. 走上神坛的女疯子——孙书专

小嘎鹅带领的团队中，有三位人物拥有公司最高级别合伙人身份。她们是从2015年一起做易灸灸的战友，也是团队公认的“铁三角”。她们就是鹅总、陆萍姐和孙书专。

大家都称她“才女专”，在我看来，她却是“女神专”——就是走上神坛的女疯子。这个女疯子的路子特别狠，究竟是个什么狠法，让我慢慢写下去……

她是十多岁开始来月经就会痛经的那种女生，易灸灸贴好了她的痛经。她也想尝试做易灸灸代理，可又觉得易灸灸有点贵，嘴里念叨着：“这么贵，卖给鬼吗？”

后来，她真的做了代理，也把易灸灸卖了出去。不过，她不是卖给鬼，而是卖给了神，大神！比如她的牛人代理小小。她经常会说，小小就是她命中的贵人。

我听过很多做易灸灸的小伙伴，会感谢自己遇到一个好的上层代理，让她们学到了中医药知识，学会发朋友圈、学会客户服务，还有团队建设……这很正常。但是，孙书专却与众不同，因为她感恩的贵人是她的下层代理，这还是我第一次听说！

在她看来，自己之所以取得今天的成绩，都是因为自己的下层代理够牛！

她带领的团队成员，都是律师、医生、企业高管……能够吸引到这么多闪闪发光的下层代理，肯定有她的魅力所在。这些优秀代理也是她做易灸灸最强大的后盾和最坚硬的铠甲。

很多人可能都会有疑问：她是如何与这些闪闪发光的代理结缘的呢？

据我所知，这些优秀代理有些在她朋友圈一年，有些两年，甚至更久。她就是传说中的朋友圈养成系，活生生地种草种成参天大树，曾经我也很纳闷，这个世界上没有无缘无故的爱，她怎么就能这么淡定，还这么有人爱呢？难道只是因为她的命比较好？

我带着疑问去逛了逛她的朋友圈，她发的圈基本都是一行、两行文字，超过十个字的圈不多，超过三行的稀有，文字和产品都是妥妥的神仙姐姐路线。

鹅总说："她是低调、谦卑、有才华的女人，人见人爱，花见花开。"

陆萍姐说："她的小身体有大能量，超级低调有内涵。"

代理大发对她的评价是："始于易灸灸，敬于才华，合于性格，久于善良，终于人品……"

小叶董说："她超有亲和力，文案高手，很接地气，字里行间透着一股让人信任的感觉。"

曹老板说："她朴实、礼貌、好学。"

看到现在，你们知道她属于哪种疯路子了吗？够不够狠？她是不是走上神坛的女疯子？如今年收入 100 万以上，是不是她应得的呢？

6. Connie 是一位神奇的邻居

世界上距离最近的陌生人是谁？不是你的前任，而是你的邻居。

我们似乎进入了一个“近邻不如网络”的时代，高楼大厦阻隔了人情冷暖，所以很多人会说：“我蹭过你家的 WiFi，闻过你家院子里的花香，然而没有见过你的脸：致邻居。”

原本，我也有一位“素未谋面”的邻居，她的名字叫 Connie。

起初，我对她的了解并不多，只是在下班回家时偶尔遇见，连招呼都很少打。不过，Connie 属于那种一眼看上去就很神奇的女人，当时只觉得她背后肯定藏着许多不为人知的故事。

我在组建团队时，想过要去找她，她给我的觉得却是“她不会做易灸灸”。幸好我还是抱着必死的决定去找了她，并且最终说服她加入了易灸灸团队。现在，她成了易灸灸团队的直属合伙人，带领着将近 500 人的团队，月收入 50 万元以上。

我一直在说，女人一定是越靠近越温暖，越温暖越滋养。而 Connie 对我而言刚好就是那个可以彼此温暖和滋养的女人。起初，我只是觉得她很神奇，并不知道她身上的光芒来自于哪里。

后来终于知道了，原来她在 1999 年 10 月就成为传奇女性，然后让自己变得越来越有能量，越来越有光芒，越来越自信。

至于当时发生了什么，那就是另外的故事了。

7. 这才是有魄力的女人

我很喜欢一句话：“那些魅力非凡的女人们，都是雌雄同体，她们既有女人的妩媚多情，又有男人的杀伐决断。”我觉得，许姐就是这样的女人，既优雅，又有魄力。

她的魄力体现在处理问题上，每次团队出现问题，她总能拨开那些不重要的细节，直达问题的核心，最终做出最正确、最合理的抉择。在处理问题的过程中，她也从不退缩，从不推诿，而是敢于担当，办事干练，思维清晰，一点也不会拖泥带水。

可想而知，她的阅历有多丰富！因为历经风雨，所以才让自己充满韧性。

在做易灸灸之前，她做到了一家直销的最高级别，随后再转过来做易灸灸。

半年之内，她便投资到董事的最高级别；又过了半年，她升至公司最高级别 130 万的直属合伙人。这才是有魄力的女人！只要确定了目标，就会义无反顾地向前冲！

生活中，她是一位漂亮的辣妈，拥有四个可爱的孩子。

在处理事业与家庭的关系时，她仍旧从容不迫，权衡得恰到好处。所以，她是所有人眼中的成功女性，不单单事业成功，经营夫妻关系和家庭关系也是成功的典范。

她也用自己的成功，影响了越来越多的家庭女性，让她们加入易灸灸团队，努力为自己的事业打拼。她说过，一位女人应该有魄力，该出手时就出手，不要因为犹豫而错失良机！

她在管理易灸灸团队时，加入了一些全新的理念和管理方式，这给易灸灸团队注入了新的活力。同时，易灸灸团队也改变了她对微商的认知——以前，她以为微商就是刷屏、造势、刷广告，在真正进入易灸灸团队之后，才对微商有了全新的认知。

我一直很欣赏许姐，不仅因为她美丽、优雅、思维缜密，还因为她的魄力。

这样从内而外都完美的女人，才是最有魅力的吧！

8. 感恩一路同行的人

很可惜，书的篇幅有限，我无法讲述太多易灸灸合作创业伙伴的故事，比如金燕、四宝妈、远惠姐、佳玲姐、杨丽、丽珍、俊俊、万艳等。她们既是事业上的合作伙伴，也是生活中的好姐妹。她们的每一点努力，都是我带领团队继续前行的动力。

我会感恩一路同行的所有人，你们的激情、你们的努力、你们的付出、你们的温度，时刻滋养着我，让我有信心、有动力，带领你们一起走向更美好的未来。

因为有你们每一个人的付出，华清创业帮才能团结有爱，易灸灸团队才能蓬勃向前！